低碳变电站
建设及运营

夏之罡　主编　（案例篇）

中国电力出版社
CHINA ELECTRIC POWER PRESS

内 容 提 要

本书主要提出低碳变电站设计、建造、材料选择等方面的低碳要求,以全寿命周期综合减碳目标为建筑和设备系统的设计和运行提供支撑,重点针对变电站低碳化设计建设、能源系统低碳化及运行等技术结合案例进行了说明。全书共八章,分别为变电站建筑低碳化设计案例、变电站空调系统低碳化设计案例、基于多技术整合的新建低碳变电站案例、基于全生命周期低碳的变电站优化更新设计案例、变电站低碳化改扩建案例、"光储柔直"变电站案例、多站融合的变电站案例、变电站碳资产管理案例。

本书可供 110kV 及以下新建变电站和开关站的扩建或改建工程及其他电压等级变电站、开关站设计、建造、运维和拆除环节相关的工程技术人员参考使用,也可供电力专业的大中专院校师生作为教学参考。

图书在版编目(CIP)数据

低碳变电站建设及运营. 案例篇 / 夏之罡主编. —北京:中国电力出版社,2023.10
ISBN 978-7-5198-8112-2

Ⅰ.①低… Ⅱ.①夏… Ⅲ.①变电所-建筑工程-案例 Ⅳ.① TU745.7

中国国家版本馆 CIP 数据核字(2023)第 169441 号

出版发行:中国电力出版社
地　　址:北京市东城区北京站西街 19 号(邮政编码 100005)
网　　址:http://www.cepp.sgcc.com.cn
责任编辑:崔素媛(010-63412392)
责任校对:黄　蓓　朱丽芳
装帧设计:王红柳
责任印制:杨晓东

印　　刷:廊坊市文峰档案印务有限公司
版　　次:2023 年 10 月第一版
印　　次:2023 年 10 月北京第一次印刷
开　　本:787 毫米 ×1092 毫米　16 开本
印　　张:9.75
字　　数:181 千字
定　　价:58.00 元

　　能源电力的发展是中国式现代化的基础保障。电网基础设施建设在保障国家能源安全、保障电力可靠供应中发挥重要作用。"双碳"目标下，构建新型电力系统是建设新型能源体系的关键内容。清洁电力在国民经济建设中的重要性更加凸显，"再电气化"为清洁低碳发展的重要抓手之一。在新的形势下，电网及其附属设施建设将迎来新的高峰。

　　变电站作为电网系统中的关键设施之一，承担着变换电压、接受和分配电能、控制电力的流向和调整电压的重任，也用来放置设备和供运行使用。随着我国全社会用电量的持续增长和电网的不断发展，变电站建设的数量和规模也日益增大。"十三五"期间，国家电网有限公司共建设变电站 8000 余座，遍布全国多个省、自治区、直辖市，建设量大、影响面广，"十四五"期间还将持续推进变电站的建设。特别是随着新型电力系统构建的不断加快，变电站内智能化设备数量快速增加，变电站建筑服务的设备对象发生了明显的变化，在低碳目标下，变电站建筑自身如何回应新的空间和环境需求，成为一项新的命题。

　　传统变电站节能设计多参考一般建筑节能标准，以增强建筑热工性能为主，仅关注建筑围护结构的保温隔热设计，未能就低碳可再生能源利用、变电站自身环境控制特点进行过多针对性的讨论，导致变电站建筑未能充分利用室内外环境间的能量交互规律，且站内及周边低碳能源浪费严重。特别是装设有大量智能化设备的新型变电站，其环境保障和能耗特征发生较大的变化，新技术的应用对变电站建筑的要求也发生了变化，当前该领域缺乏相关节能标准及技术规范。因此亟须针对变电站类型建筑的高性能围护结构和设备系统进行研究，针对低碳目标对建筑和设备系统的设计提出指导意见。

　　此外，变电站场站范围内也存在站内用能需求，光伏发电、"光储直柔"技术、高效能源转换利用技术、智能化调控及数字孪生等技术也可用于变电站，用于降低变电站的运行能耗和碳排放。众多的技术如何在变电站进行有效的集成应用，建立包含碳资产管理的变电站高效运维管理体系，对于进一步降低变电站碳排放具有重要的意义。

本套书分为《低碳变电站建设及运营（技术篇）》和《低碳变电站建设及运营（案例篇）》。本书提出低碳变电站设计、建造、材料选择等方面的低碳要求，以全寿命周期综合减碳目标为建筑和设备系统的设计和运行提供支撑。本书重点针对变电站低碳化设计建设、能源系统低碳化及运行等技术结合案例进行了说明，便于工程技术人员参考选用。

本书由国网浙江省电力有限公司湖州供电公司夏之罡担任主编，国网浙江省电力有限公司湖州供电公司张文杰、沈建良、姚日权担任副主编，国网浙江省电力有限公司、国网浙江省电力有限公司湖州供电公司、湖州电力设计院有限公司、浙江泰仑电力集团有限责任公司、中国能源建设集团浙江省电力设计院有限公司、国网电力科学研究院武汉能效测评有限公司等单位的专家参与编写。

由于低碳变电站建设及运营是一个交叉学科研究方向，所涉及的知识体系较为庞杂，有关研究资料较为有限，尽管编者尽了最大努力进行认知和实践的梳理总结，难免挂一漏万。书中存在疏漏之处，敬请广大读者批评指正。

目录

目录

第一章　变电站建筑低碳化设计案例

为更加具体直观地展示变电站建筑设计与节能减排的关系，本章以110kV典型变电站建筑为例进行应用分析。本章首先介绍用作案例的典型变电站建筑基础信息，再从基地选址、窗墙比例、绿化、主体结构、外围护结构热工5个方面，以典型案例为依托，详细介绍其对建筑节能减排的作用影响，并附有计算结果对比，可为变电站建筑低碳设计提供直观的数据支撑，为可持续发展作出贡献。

第一节　案例基本情况

本章以国网江苏电力建设数量最多的110kV变电站通用设计方案站为例，进行变电站建筑设计与碳排放关系应用介绍。案例项目位于江苏省南京市，建筑物为地上二层、地下一层，建筑面积1819.84m²，其中地下一层、一层、二层建筑面积分别为746.51、946.43、126.9m²，设计使用年限为50年。典型110kV变电站三维模型、总平面图及负一层至屋顶的平面图分别如图1-1～图1-6所示。

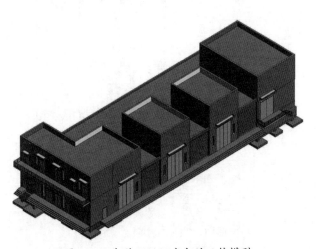

图1-1　典型110kV变电站三维模型

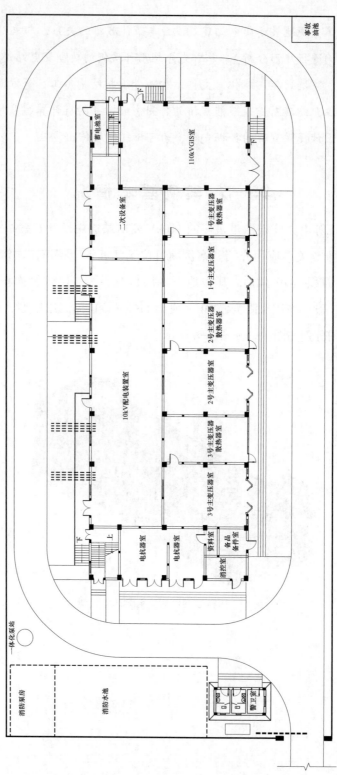

图 1-2 典型 110kV 变电站总平面布置图

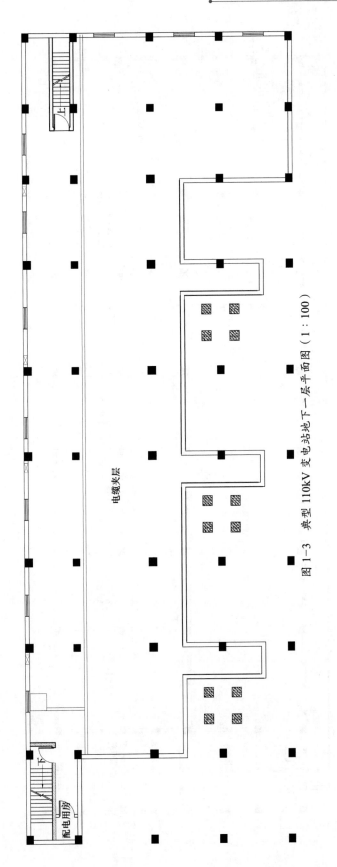

图 1-3　典型 110kV 变电站地下一层平面图（1∶100）

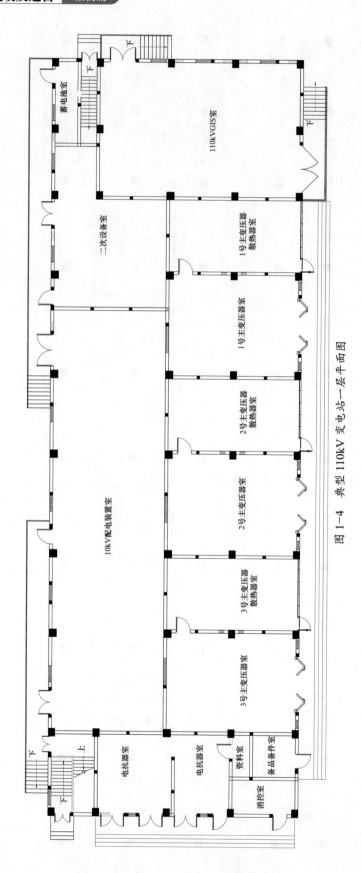

图 1-4 典型 110kV 变电站一层平面图

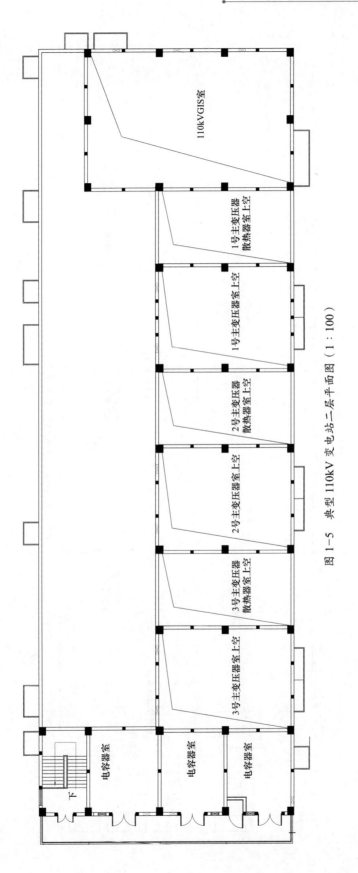

图1-5 典型110kV变电站二层平面图（1：100）

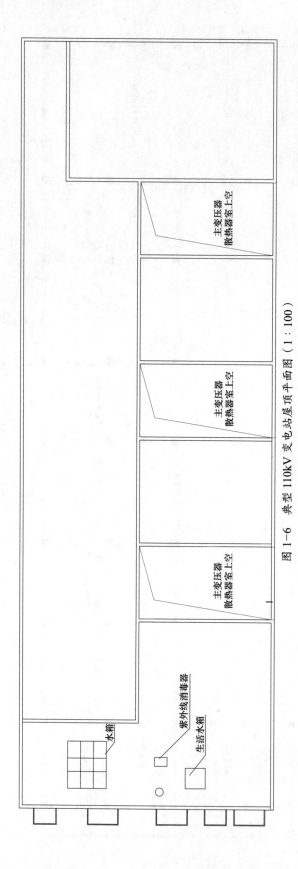

图 1-6 典型 110kV 变电站屋顶平面图（1∶100）

第二节　变电站建筑选址与节能减排

变电站建筑选址会通过用电碳排放因子、运输距离等因素间接地对其碳排放量产生影响。

一、选址与电网碳排放因子

国家发展改革委应对气候变化司提供的中国区域电网平均 CO_2 碳排放因子和中国区域覆盖省（自治区、直辖市）分别见表 1-1 和表 1-2。

表 1-1　　　　　中国区域电网平均 CO_2 碳排放因子

电网区域	碳排放因子 /（kg/kW·h）
华北区域电网	0.8843
东北区域电网	0.7769
华东区域电网	0.7035
华中区域电网	0.5257
西北区域电网	0.6671
南方区域电网	0.5271

表 1-2　　　　　中国区域覆盖省（自治区、直辖市）

电网区域	覆盖省（自治区、直辖市）
华北区域电网	北京市、天津市、河北省、山西省、山东省、内蒙古自治区
东北区域电网	辽宁省、吉林省、黑龙江省
华东区域电网	上海市、江苏省、浙江省、安徽省、福建省
华中区域电网	河南省、湖北省、湖南省、江西省、四川省、重庆市
西北区域电网	山西省、甘肃省、青海省、宁夏回族自治区、新疆维吾尔自治区
南方区域电网	广东省、广西壮族自治区、云南省、贵州省、海南省

以典型 110kV 钢结构变电站为例，位于华东地区江苏省的项目机械台班与施工建造碳排放量见表 1-3。

表 1-3　　　　典型 110kV 钢结构变电站机械台班与施工建造碳排放量

使用机械	能源	单位	数量	碳排放量 /tCO_2e
混凝土振捣器（平台式）	电	台班	40.96	240
木工圆锯机　直径 $\phi500$	电	台班	44.17	1060
汽车式起重机　起重量 5t	油	台班	37.121	3270
载重汽车 5t	油	台班	50.0898	3960

使用机械	能源	单位	数量	碳排放量 /tCO₂e
混凝土振捣器（插入式）	电	台班	251.336	2940
汽车式起重机 起重量 8t	油	台班	18.964	1670
载重汽车 8t	油	台班	27.1542	2990
交流弧焊机 容量 30kVA	电	台班	374.346	36140
汽车式起重机 起重量 16t	油	台班	1.4134	160
交流弧焊机 容量 21kVA	电	台班	333.615	20110
履带式起重机 起重量 25t	油	台班	4.2964	500
履带起重机 起重量 50t	油	台班	1.2323	140
履带式起重机 起重量 150t	油	台班	10.5517	1540
平板拖车组 20t	油	台班	3.7064	20
平板拖车组 40t	油	台班	4.1794	30
履带式起重机 起重量 15t	油	台班	40.8402	3740
汽车式起重机 起重量 12t	油	台班	1.7861	170
电动空气压缩机 排气量 3m³/min	电	台班	560.153	60220
履带式起重机 起重量 60t	油	台班	1.4051	210
载重汽车 6t	油	台班	202.806	20898
金属面抛光机	电	台班	19.8469	1630
管子切断机 管径 φ60	电	台班	64.476	830
氩弧焊机 电流 500A	电	台班	11.037	780
机动翻斗车 1t	油	台班	18.1371	340
摇臂钻床 钻孔直径 φ50	电	台班	15.8024	150
剪板机 厚度 × 宽度 40mm×3100mm	电	台班	11.3554	360
型钢剪断机 剪断宽度 500mm	电	台班	16.1899	520
电动单筒慢速卷扬机 50kN	电	台班	20.3804	120
钢筋切断机 直径 φ40	电	台班	38.7709	1240
钢筋弯曲机 直径 φ40	电	台班	99.9341	3210
对焊机 容量 150kVA	电	台班	38.2936	4670
逆变多功能焊机 D7-500	电	台班	57.9753	7072
剪板机 厚度 × 宽度 6.3mm×2000mm	电	台班	0.9525	30
冲击钻	电	台班	1.5039	10
载重汽车 4t	油	台班	0.0007	0
钢材电动煨弯机 弯曲直径 φ500 以内	电	台班	0.0425	0
电动空气压缩机 排气量 0.3m³/min	电	台班	0.269	10
门式起重机 起重量 10t	油	台班	78.0389	5690
平板拖车组 10t	油	台班	70.0447	420

续表

使用机械	能源	单位	数量	碳排放量 /tCO₂e
型钢调直机	电	台班	2.561	160
电动空气压缩机 排气量 6m³/min	电	台班	22.8112	4900
门式起重机 起重量 20t	油	台班	33.6826	3210
砂轮切割机 直径 $\phi 400$	电	台班	0.5348	50
交流弧焊机 容量 40kVA	电	台班	178.429	22800
自卸汽车 12t	油	台班	163.278	26790
轮胎式装载机 斗容量 2m³	油	台班	21.5043	1260
电动空气压缩机 排气量 0.6m³/min	电	台班	0.0899	0
点焊机 容量 50kVA	电	台班	2.1539	30
逆变直流焊机 电流 400A 以内	电	台班	0.423	0
机动绞磨 3t 以内	电	台班	0.2786	0
输电专用载重汽车 5t	油	台班	0.1571	30
机动绞磨 5t 以内	电	台班	0.0734	0
输电专用载重汽车 4t	油	台班	0.2375	20
合计	—	—	—	246340

参照表 1-3 的机械台班情况，分别以华北、东北、华东、华中、西北、南方 6 个区域电网的用电碳排放因子对施工建造碳排放量进行重新计算。计算结果见表 1-4。其中碳排放量最高的是东北区域，最低的是华中区域，二者相差 86289kg。

表 1-4　　　　　　典型 110kV 钢结构变电站各区域施工建造碳排放量

电网区域	建造阶段碳排放 /kgCO₂
华北区域电网	289846
东北区域电网	264002
华东区域电网	246340
华中区域电网	203556
西北区域电网	237581
南方区域电网	203893

二、选址与建材运输距离

以典型 110kV 钢结构变电站为例，平均运输距离为 60km 的运输阶段碳排放量见表 1-5，其数值与项目选址与建材构件供应地的距离直接相关，总值为 13480kg。如两地距离为 100km 则运输阶段的碳排放为 22467kg；如两地距离为 250km 则运输阶段的碳排放为 56167kg。

表 1-5　　　　　　　　　典型 110kV 钢结构变电站 60km 建材运输碳排放

建材种类	用量 /t	碳排放量 /kgCO$_2$e
钢结构——钢柱	85	1000
钢结构——钢梁	134.4	1580
钢结构-钢支撑、桁架、墙架	10.6	120
钢结构——其他钢结构	9	110
不锈钢结构——格栅板	10	120
预埋地脚螺栓	2	20
全钢板门	19.13	220
楼板与平台板——压型钢板底模	5	60
浇制混凝土屋面板	296.91	3495
屋面建筑——细石混凝土刚性防水	98.97	1170
楼板与平台板——浇制混凝土板	85.26	1005
建筑地面——混凝土面层	250.01	2940
钢结构其他项目——刷防火涂料	6.45	760
普通地面——地砖面层	2.7	30
楼面面层——地砖面层	0.44	10
外墙面装饰——面砖	4.86	60
石膏板隔断墙——防火内隔墙（厚度=208mm）	42.14	500
石膏板隔断墙——防火内隔墙（厚度=160mm）	20.59	240
屋面建筑——苯板保温隔热	0.99	10
防火门	0.32	10
铝合金窗	0.45	10
铝合金百叶窗	0.95	10
合计		13480

第三节　变电站建筑窗墙比与节能减排

以典型 110kV 钢结构变电站为例，在 Honeybee 软件中建立的能量模型如图 1-7 所示。

本节针对需要空调控制室内温度的配电装置室、二次设备室、蓄电池室进行不同窗墙比运行阶段空调耗电量的对比分析。窗墙比与空调用电碳排放量见表 1-6。

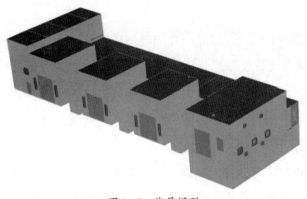

图 1-7 能量模型

表 1-6 窗墙比与空调用电碳排放量

窗墙比	空调用电碳排放量 /kgCO$_2$
5%	457240
10%	449750
20%	453460

第四节 变电站建筑绿化设计

本节以变电通用设计方案站为例进行变电站建筑绿化潜力的评估。地面与屋顶绿化模型如图 1-8 所示，深绿色表示屋顶可绿化面积，浅绿色表示地面可绿化面积。经测算得，屋顶可绿化面积为 921m^2，地面可绿化面积为 248m^2。

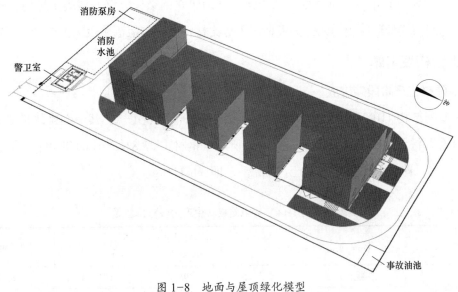

图 1-8 地面与屋顶绿化模型

1. 地面绿化

本案例中设置 248m² 的地面绿化。在变电站建筑场地上种植树木、灌木、草皮可以起到防尘、降噪和提升观赏度等。

（1）由于变电站周围通常有大量的车辆和建筑工地等，会产生大量的粉尘，导致场地周围环境的脏乱。种植树木、灌木和草皮可以有效地减少空气中的尘埃颗粒，从而降低空气污染程度，保持环境的清洁卫生。

（2）变电站设备运转时会发出噪声，这对周围的居民、员工和环境都会产生不良影响。通过种植树木、灌木和草皮，可以起到一定的降噪作用。绿化植物能够吸收和减弱声波，从而降低噪声的传播和影响范围。

（3）种植树木、灌木和草皮还可以提升变电站场地的观赏度和美化效果。需要注意的是，在种植树木、灌木和草皮时需要考虑植物的生长习性和环境适应能力，选择适宜的植物种类，还需要定期对绿化植物进行养护和管理，以保证其生长健康和美观效果。高大树木应与主要设备保持较远距离以免影响供电安全。

2. 建筑绿化

本案例中设置 921m² 的地面绿化。建筑外围护结构的绿化设计同样能够起到增加建筑的隔热、保温效果，降低建筑能耗，美化环境的作用。

第五节 变电站建筑结构设计与节能减排

本节以第一节介绍的典型变电站为例，分别建立钢结构、钢筋混凝土结构、砖混结构 3 个空间与三维形体相同的方案模型用于对比材料生产与运输阶段碳排放量的区别。

一、钢结构变电站

1. 建材生产阶段碳排放

典型钢结构 110kV 变电站建材生产阶段碳排放量见表 1-7，其中碳排放量最大的 3 类材料为钢材、混凝土及钢筋，如图 1-9 所示。钢材占 38.8%，即 607804kg；混凝土配筋占 23.1%，即 361950kg；混凝土占 22.2%，即 346371kg。

表 1-7　　　典型钢结构 110kV 变电站建材生产阶段碳排放量

类型	材料	单位	碳排放因子 /（kg/ 单位）	材料用量	碳排放量 /kg
钢结构	混凝土	m³	295	1174.14	346371
	水泥砂浆	t	735	220.21	161854

续表

类型	材料	单位	碳排放因子/ （kg/单位）	材料用量	碳排放量/kg
钢结构	钢材	t	2380	255.38	607804
	砖	m³	250	62.67	15667
	聚苯乙烯板	t	4620	4.91	22693
	金属复合板	m²	8	2549.8	20390
	石膏板	t	33	194.25	6410
	混凝土配筋	t	2380	152.08	361950
	门	m²	48.3	305.25	14744
	窗	m²	194	45.72	8870
	合计				1566763

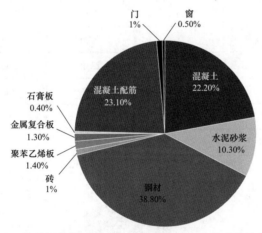

图 1-9 典型钢结构 110kV 变电站建材生产阶段碳排放量占比

2. 建材运输阶段碳排放

典型钢结构 110kV 变电站建材运输阶段碳排放量见表 1-8，其中混凝土材料运输碳排放量占 55.2%，即 19021kg、其他建材运输碳排放量占 44.8%，即 15428.6kg。

表 1-8 典型钢结构 110kV 变电站建材运输碳排放量

类型	材料	运输距离/km	碳排放因子/ （kg/t）	材料用量/t	碳排放量/kg
钢结构	混凝土	40	0.162	2935.35	19021
	其他	100	0.162	952.39	15428.6
	合计				34449.6

二、钢筋混凝土结构变电站

1. 建材生产阶段碳排放

典型钢筋混凝土结构 110kV 变电站建材生产阶段碳排放量见表 1-9，其中碳排放量最大的 3 类材料为混凝土配筋、混凝土和水泥砂浆，如图 1-10 所示。混凝土配筋占 39.3%，即 633223kg；混凝土占 37.6%，即 605974kg；水泥砂浆占 15.2%，即 245387kg。

表 1-9　　典型钢筋混凝土结构 110kV 变电站建材生产阶段碳排放量

类型	材料	单位	碳排放因子 /（kg/ 单位）	材料用量	碳排放量 /kg
混凝土结构	混凝土	m³	295	2054.15	605974
	水泥砂浆	t	735	333.86	245387
	钢材	t	2380	16.00	38080
	砖	m³	250	164.76	41190
	聚苯乙烯板	t	4620	4.91	22684
	混凝土配筋	t	2380	266.06	633223
	门	m²	48.3	305.25	14744
	窗	m²	194	45.72	8870
	合计				1610172

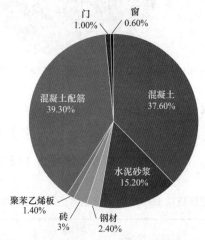

图 1-10　典型钢筋混凝土结构 110kV 变电站建材生产阶段碳排放量占比

2. 建材运输阶段碳排放

典型钢筋混凝土结构 110kV 变电站建材运输阶段碳排放量见表 1-10，其中混凝土材料运输碳排放量占 69.1%，即 33277kg；其他建材运输碳排放量占 30.9%，即 14914.4kg。

表 1-10　　典型钢筋混凝土结构 110kV 变电站建材运输阶段碳排放量

类型	材料	运输距离 /km	碳排放因子 /（kg/t）	材料用量 /t	碳排放量 /kg
混凝土结构	混凝土	40	0.162	5135.38	33277
	其他	100	0.162	920.64	14914.4
	合计				48191.4

三、砖混结构变电站

1. 建材生产阶段碳排放

典型砖混结构 110kV 变电站建材生产阶段碳排放量见表 1-11，其中碳排放量最大的 3 类材料为混凝土、混凝土配筋及水泥砂浆，如图 1-11 所示。混凝土占 30.1%，即 395448kg；混凝土配筋 22.5%，即 296072kg；水泥砂浆占 21.5%，即 282137kg。

表 1-11　　典型砖混结构 110kV 变电站建材生产碳排放量

类型	材料	单位	碳排放因子 /（kg/ 单位）	材料用量	碳排放量 /kg
砖混结构	混凝土	m³	295	1340.5	395448
	水泥砂浆	t	735	383.86	282137
	钢材	t	2380	16	38080
	砖	m³	250	1020.75	255188
	聚苯乙烯板	t	4620	4.91	22684
	混凝土配筋	t	2380	124.4	296072
	门	m²	48.3	305.25	14744
	窗	m²	194	45.72	8870
	合计				1313222

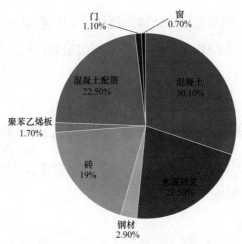

图 1-11　典型砖混结构 110kV 变电站建材生产碳排放量占比

2. 建材运输阶段碳排放

钢筋混凝土结构变电站建材运输阶段碳排放见表 1-12，其中混凝土材料运输碳排放量占 5.4%，即 21716.1kg；其他建材运输碳排放量占 94.6%，即 377420kg。

表 1-12 典型砖混结构 110kV 变电站建材运输阶段碳排放量

类型	材料	运输距离/km	碳排放因子/(kg/t)	材料用量	碳排放量/kg
砖混结构	混凝土	40	0.162	3351.25	21716.1
	其他	100	0.162	4659.6	377420
	合计				399136.1

四、对比分析

钢结构、钢筋混凝土结构、砖混结构典型 110kV 变电站生产与运输阶段碳排放量的对比分析如图 1-12 所示。

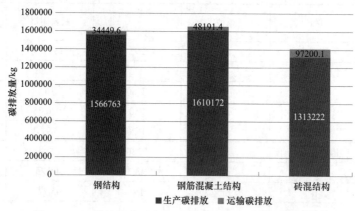

图 1-12 3 种结构典型变电站生产与运输阶段碳排放对比

按碳排放总量排序，钢筋混凝土结构＞钢结构＞砖混结构；按材料生产阶段碳排放排序，钢筋混凝土结构＞钢结构＞砖混结构；按运输阶段碳排放排序，砖混结构＞钢筋混凝土结构＞钢结构。

第六节 变电站建筑外围护结构热工设计与节能减排

本章以国网江苏电力建设数量最多的 110kV 变电站通用设计方案站为例，对变电站外围护结构热工设计进行低碳优化。

一、碳排放量计算原则

需要确定生产阶段以及运行阶段的碳排放量作为变电站建筑全生命周期碳排放量的

代表。生产阶段以及运行阶段的碳排放量通常能够占到建筑全生命周期碳排放量的90%左右，采用生产阶段碳排放以及运行阶段碳排放总量代替建筑全生命周期碳排放进行计算，旨在通过优化变电站建筑外围护结构设计达到节能减排的目的。因此，碳排放计算过程中仅考虑与外围护结构相关的部分。

（1）生产阶段碳排放仅计算外围护结构材料生产产生的碳排放量，其余建筑部分的材料碳排放不计算在内。

（2）运行阶段碳排放仅考虑为调节室内热环境，空调与排风扇工作耗电产生的碳排放，而照明、热水等耗电产生的碳排放不计算在内。

（3）变电站建筑的窗墙比数值较小，外窗热工参数对生产阶段的碳排放影响不大，因此外窗优化不在考虑之内；外围护结构外墙与屋面保温材料层厚度的变化对生产阶段以及运行阶段的碳排放影响均较大，是优化设计的因变量。

二、原方案构造信息

1. 外墙方案

原方案构造信息包括两种构造形式的外墙方案。

（1）地下外墙。由内至外构造分别为300mm钢筋混凝土、15mm水泥砂浆、2mm防水涂料、120mm砖墙、50mmEPS保温板，外墙构造方案。

（2）地上外墙。由内至外构造分别为240mm钢筋混凝土、12mm水泥砂浆、8mm防水砂浆、30mmXPS保温板、15mm水泥砂浆。

2. 屋面方案

原方案构造信息包括两种构造形式的屋面方案。

（1）二楼屋面平台。由下至上构造分别为120mm钢筋混凝土、30mm轻料混凝土、50mmXPS保温板、40mm细石混凝土、4mm防水卷材、10mm水泥砂浆、50mm细石混凝土。

（2）最上层屋顶。由下至上构造分别为120mm钢筋混凝土、20mm水泥砂浆、50mmXPS保温板、40mm细石混凝土、4mm防水卷材、10mm水泥砂浆、50mm细石混凝土。

3. 地面方案

原方案构造信息包括6种构造形式的地面方案。

（1）地下电缆层地面。由下至上构造分别为素土夯实、100mm混凝土垫层、20mm水泥砂浆、2mm防水涂料、40mm细石混凝土、400mm钢筋混凝土、160mm轻料混凝土、30mm 细石混凝土。

（2）楼梯间地面。由下至上构造分别为 150mm 碎石垫层、100mm 钢筋混凝土、20mm 水泥砂浆、10mm 地砖。

（3）一层房间除卫生间地面。由下至上构造分别为 100mm 钢筋混凝土、40mm 水泥砂浆、10mm 地砖。

（4）二层 GIS 室、走道、资料室地面。由下至上构造分别为 100mm 钢筋混凝土、150mm 轻料混凝土、40mm 水泥砂浆、10mm 地砖。

（5）控制室地面。由下至上构造分别为 100mm 钢筋混凝土、20mm 水泥砂浆、40mm 地砖。

（6）卫生间。由下至上构造分别为 100mm 钢筋混凝土、20mm 水泥砂浆、1.5mm 聚氨酯膜、30mm 水泥砂浆、10mm 地砖。

4. 内墙构造方案

原方案构造信息包括 4 种构造形式的内墙构造方案。

（1）除卫生间、地下室、主变压器室内墙。由内至外构造分别为基层处理剂一道、12mm 水泥砂浆、5mm 石灰膏、乳胶漆。

（2）卫生间内墙。由内至外构造分别为基层处理剂一道、12mm 水泥砂浆、6mm 食汇砂浆、5mm 面砖。

（3）地下室内墙。由内至外构造分别为基层处理剂一道、15mm 水泥砂浆、5mm 水泥砂浆、涂料。

（4）主变压器室内墙。由内至外构造分别为镀锌钢管、Z 字龙骨、吸声棉、1.2mm 穿孔铝板。

三、计划信息

1. 房间温度计划信息

房间温度计划信息见表 1-13。

表 1-13　　　　　　房 间 温 度 计 划 信 息

房间类型	温度限制		温度控制方式	
	夏季 /℃	冬季 /℃	空调控制	排风扇控制
蓄电池室	≤30	≥20	√	
二次设备室	≤28	≥18	√	
110kVGIS 室	≤40	—		√
电容器室	≤40	—		√

续表

房间类型	温度限制		温度控制方式	
	夏季 /℃	冬季 /℃	空调控制	排风扇控制
电抗器室	≤40	—		√
配电装置室	≤35	≥5	√	
主变压器室	≤45	—		√
地下电缆	≤40	—		√
控制室	≤35	≥5	√	

2. 人员活动计划信息

人员活动计划信息中的人员密度信息为 0.02 人 $/m^2$，人员活动计划信息见表 1-14 和表 1-15。

表 1-14　　　　　　　　　周一人员活动信息表

时间	0	1	2	3	4	5	6	7	8	9	10	11
计划	0	0	0	0	0	0	0	0	0	1	1	1
时间	12	13	14	15	16	17	18	19	20	21	22	23
计划	1	1	1	1	1	1	1	1	0	0	0	0

表 1-15　　　　　　　　周二～周日人员活动信息表

时间	0	1	2	3	4	5	6	7	8	9	10	11
计划	0	0	0	0	0	0	0	0	0	0	0	0
时间	12	13	14	15	16	17	18	19	20	21	22	23
计划	0	0	0	0	0	0	0	0	0	0	0	0

四、低碳优化

依据工程实践经验与市场情况，在建筑常用的保温材料中选择一种保温材料作为变电站建筑外围护结构的保温材料，并获得选择的保温材料对应的热工参数以及生产时对应的碳排放因子，本实例选用 EPS 保温板作为地下外墙的保温材料，XPS 保温板作为地上外墙的保温材料，XPS 保温板作为屋面的保温材料。所需碳排放因子见表 1-16。

表 1-16　　　　　　　　　所 需 碳 排 放 因 子

材料	碳排放因子 $/(kg/m^3)$
混凝土	295
水泥砂浆	367.5
砖	250

续表

材料	碳排放因子/(kg/m³)
XPS	160
EPS	150.6
混凝土配筋	303

在 Grasshopper 平台上结合生产阶段的碳排放以及运行阶段的碳排放得到变电站综合碳排放计算模型。将变电站建筑外围护结构的界面分为若干保温材料厚度相同的界面，并将界面的保温材料厚度作为优化变量，具体外围护结构的界面划分如图 1-13 所示，共包括 28 种保温厚度变量。

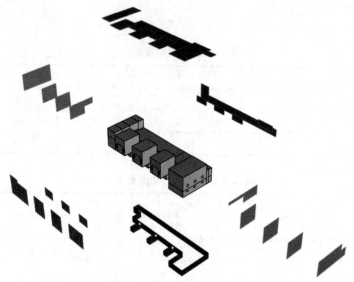

图 1-13　外围护结构的界面划分

调用的遗传算法为 Galapagos 单目优化插件内置的遗传算法，调用的遗传算法以不同界面保温材料层厚度（$d_{地下}$、$d_{东向1}$、$d_{东向2}$、$d_{东向3}$、$d_{东向4}$、$d_{东向5}$、$d_{西向1}$、$d_{西向2}$、$d_{西向3}$、$d_{西向4}$、$d_{南向1}$、$d_{南向2}$、$d_{南向3}$、$d_{南向4}$、$d_{南向5}$、$d_{南向6}$、$d_{南向7}$、$d_{北向1}$、$d_{北向2}$、$d_{北向3}$、$d_{北向4}$、$d_{北向5}$、$d_{屋面1}$、$d_{屋面2}$、$d_{屋面3}$、$d_{屋面4}$、$d_{屋面5}$、$d_{屋面6}$）为优化变量。

遗传算法优化后碳排放量为 792652kgCO_2，对应的保温层厚度以 10mm 为最小单位计量后分别为 $d_{地下}=80$mm、$d_{东向1}=40$mm、$d_{东向2}=40$mm、$d_{东向3}=40$mm、$d_{东向4}=40$mm、$d_{东向5}=40$mm、$d_{西向1}=40$mm、$d_{西向2}=40$mm、$d_{西向3}=40$mm、$d_{西向4}=40$mm、$d_{南向1}=40$mm、$d_{南向2}=40$mm、$d_{南向3}=40$mm、$d_{南向4}=40$mm、$d_{南向5}=60$mm、$d_{南向6}=60$mm、$d_{南向7}=60$mm、$d_{北向1}=40$mm、$d_{北向2}=40$mm、$d_{北向3}=40$mm、$d_{北向4}=40$mm、$d_{北向5}=60$mm、$d_{屋面1}=80$mm、$d_{屋面2}=80$mm、$d_{屋面3}=80$mm、$d_{屋面4}=80$mm、$d_{屋面5}=80$mm、$d_{屋面6}=130$mm。

第二章　变电站空调系统低碳化设计案例

　　本章选择了一个具体的变电站，搭建了该变电站的能耗模拟模型，对低碳变电站的全年冷热负荷进行了模拟，并分析了 5 个不同气候区的变电站冷热负荷情况。根据模拟出的变电站冷热负荷，对不同地区的变电站的空调系统进行了选型。根据选型后的空调系统计算了变电站暖通系统耗电量。提出了一套变电站暖通系统运行碳排放量计算方法，结合局部碳排放因子计算了选定的变电站的碳排放量，为后续低碳变电站的运营和建设提供了一定的技术支撑。

第一节　变电站能耗模拟

一、对象变电站介绍

　　本章以某变电站为对象，对变电站空调系统的碳排放计算方法进行距离说明。

　　该变电站为户外 GIS 站，220kV 进线拟向南，110kV 出线拟向西，均采用架空出线型式。35kV 出线方向为东侧、西侧两侧，出线方式均采用电缆出站。站址周围无污染源、军事设施、电台及文物古迹，工程建设时，大件运输和"三通一平"均较为便捷。

　　根据变电站各级电压的进出线方向，本变电站电气总平面布置为，自南向北 220kV 配电装置—主变压器—生产综合楼。220kV 配电装置户外布置，110kV 配电装置、35kV 配电装置及综合继电器室采用户内上下层布置，形成生产综合楼布置在站区的北侧，为 L 形建筑，四周设环形消防道路；主变压器露天布置在靠生产综合楼侧，在 220kV 配电装置区和主变压器场地之间设置一条运输道路。变电站出口位于南侧。

　　站内主建筑物包括生产综合楼、水泵房，全站总建筑面积为 2772m²，生产综合楼建筑面积 2661m²（含电缆层）。将各工艺专业功能相近的用房尽量合并，以节约建筑面积，便于运行管理。生产综合楼采用地上二层（地下一层）建筑形式，布置有 35kV 配电装置室、110kV GIS 室、二次设备室、蓄电池室、安全工具室、警卫室及卫生间等，该变电站的平面图如图 2-1 所示。

二、模拟工具及模型介绍

1. 模拟工具 DeST

　　利用 DeST 软件分别模拟获得对象变电站位于 5 个不同气候分区下的空调冷热负荷曲线。DeST 是建筑环境及暖通空调系统模拟的软件平台，该平台以清华大学建筑技术科学

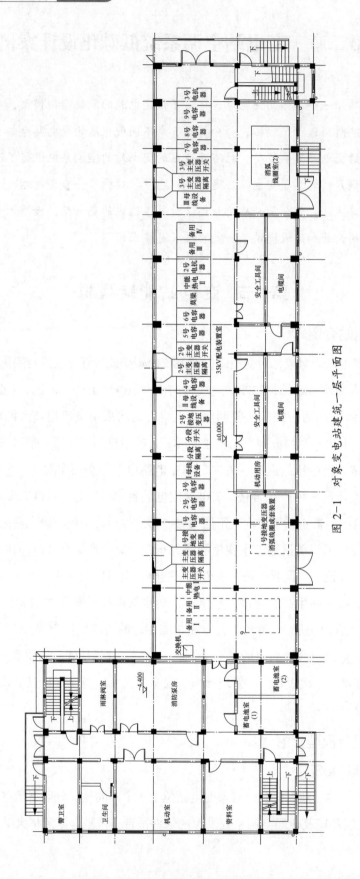

图 2-1 对象变电站建筑一层平面图

系环境与设备研究所的科研成果为理论基础，将现代模拟技术和独特的模拟思想运用到建筑环境的模拟和暖通空调系统的模拟中去，为建筑环境的相关研究和建筑环境的模拟预测、性能评估提供了方便实用可靠的软件工具，为暖通空调系统的相关研究和系统的模拟预测、性能优化提供了软件工具。

2. 变电站建筑模型

结合变电建筑平台图信息，在 DeST 中建立该变电站的建筑模型。变电站主要维护结构参数见表 2-1，DeST 软件中所建立的变电站建筑模型如图 2-2 所示。

表 2-1　　　　　　　　　　变电站主要维护结构参数

结构名称	结构组成	热传导系数 K
外墙	240mm 砂浆黏土 + 10mm 石膏板 + 60mm 聚苯乙烯泡沫塑料 + 8mm 石膏板	0.564
屋面	20mm 水泥砂浆 + 200mm 钢筋混凝土 + 46mm 聚苯乙烯 + 20mm 水泥砂浆	0.595
地面	20mm 水泥砂浆 + 200mm 多孔混凝土	0.978
外窗	普通三玻：6mm + 9mm + 6mm + 200mm air + 6mm	2.3

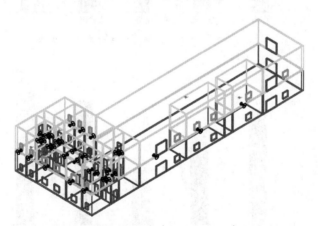

图 2-2　DeST 软件中建立的变电站建筑模型

三、建筑的不同气候分区

由于变电站建筑的空调负荷除了受到其内部设备和人员活动的影响，还决定于其所处地区的气象条件。不同气候区的空调负荷不同，从而导致空调系统的运行能耗不同，最终导致碳排放的差异。我国的建筑热工分区包括严寒地区、寒冷地区、夏热冬冷地区、夏热冬暖地区和温和地区。

分别选取不同气候分区的代表城市，哈尔滨、北京、武汉、广州和昆明，利用 DeST，依次模拟对象变电站位于该 5 个代表城市的冷热负荷，由模拟结果可知，由于变电站建筑内部设备集中，设备自身散热较大，5 个气候的冷负荷均远高于其热负荷。

最大冷热负荷以及累计冷热负荷的对比结果分别如图 2-3～图 2-6 所示。

1. 哈尔滨冷热负荷模拟结果

哈尔滨位于寒带大陆性气候区，其全年最大热负荷为 98.19kW，全年累计热负荷为 99678.23kW·h，该数据也远超过其他城市。由此可见，哈尔滨冬季的采暖需求远大于其他地区，因此在设计和建设变电站时，应充分考虑采暖设施的安装和使用。

2. 北京冷热负荷模拟结果

北京位于温带大陆性气候区，其全年最大热负荷和最大冷负荷均位居中等水平，分别为

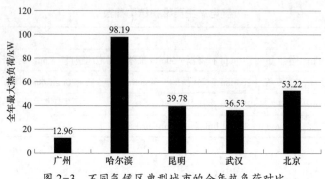

图 2-3　不同气候区典型城市的全年热负荷对比

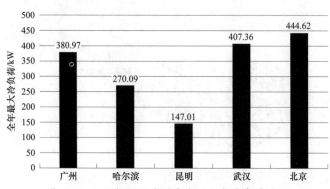

图 2-4　不同气候区典型城市的全年冷负荷对比

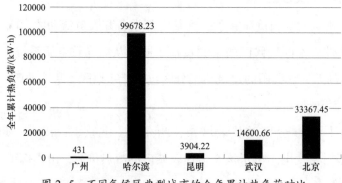

图 2-5　不同气候区典型城市的全年累计热负荷对比

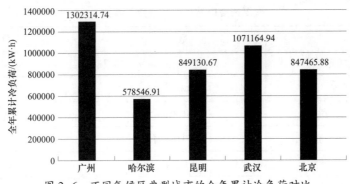

图 2-6　不同气候区典型城市的全年累计冷负荷对比

53.22kW 和 444.62kW。全年累计热负荷为 33367.45kW·h，累计冷负荷为 847465.88kW·h。北京的四季分明，既有一定的采暖需求，也需要空调来应对夏季高温。

3. 武汉冷热负荷模拟结果

武汉位于亚热带湿润气候区，其全年最大冷负荷为 407.36kW，次于广州。全年累计冷负荷为 1071164.94kW·h，也居第二位。并且武汉的热负荷处于 5 个气候区的中间水平，因此接下来以武汉为对象，对碳排放的计算过程进行详细介绍。

4. 广州冷热负荷模拟结果

广州位于亚热带湿润气候区，其全年最大冷负荷高达 380.97kW，全年累计冷负荷为 1302314.74kW·h，这些数值均远高于其他城市。这表明广州夏季的空调需求非常大，需要采取有效的降温措施以确保变电站的安全运行。

5. 昆明冷热负荷模拟结果

昆明位于亚热带高原气候区，其全年最大热负荷和最大冷负荷均相对较低，分别为 39.78kW 和 147.01kW。全年累计热负荷和累计冷负荷也相对较低，分别为 3904.22kW·h 和 849130.67kW·h。这说明昆明的气候条件较为温和，空调和采暖需求相对较低，可以降低能耗。

第二节　夏热冬冷地区的变电站建筑空调系统碳排放计算

一、不同空调系统形式选配

为满足武汉市变电站的空调需求，需要充分考虑武汉地区的气候特点、能源消耗结构以及碳排放因子等因素。设计空调系统时应选择适合当地环境的节能设备和技术，以实现室内舒适度的提高和能源消耗的降低。

武汉市变电站模拟各项负荷参数见表 2-2。

表 2-2 　　　　　　　　　　　　武汉市变电站模拟各项负荷参数

指标	数值	单位
全年最大热负荷	36.53	kW
最大冷负荷	407.36	kW
全年累计热负荷	14600.66	kW·h
全年累计冷负荷	1071164.94	kW·h
全年最大热负荷指标	19.54	W/m²
全年最大冷负荷指标	217.96	W/m²
全年累计热负荷指标	7.81	kW·h/m²
全年累计冷负荷指标	573.13	kW·h/m²
采暖季热负荷指标	2.44	W/m²
空调季冷负荷指标	109.93	W/m²

武汉市全年逐时空调负荷情况如图 2-7 所示。

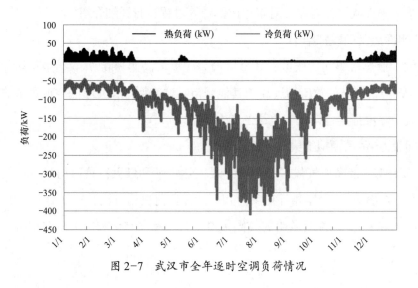

图 2-7　武汉市全年逐时空调负荷情况

　　在考虑空调设备的选型时，需要充分考虑武汉变电站的实际需求和特点。在变电站中，部分空间因为其封闭性、独立性以及对温度控制精度较高的要求，更适合采用分体式空调。比如，控制室、值班室等关键区域需要独立调节温度，以确保设备和人员在一个舒适稳定的环境中工作。而且变电站的冷负荷远大于其热负荷，基于这一需求，以冷负荷对设备进行选型。选用 10 台制冷功率为 5kW 的分体式空调，其制热功率为 4.5kW，来满足上述空间的温控要求。分体式空调具有安装灵活、噪声低等优点，可以根据不同区域的实际情况进行个性化配置，提高整体空调系统的使用效率。

对于变电站的其他大空间区域而言，单纯依靠分体式空调可能无法满足制冷制热的需求。因此，额外选用4台制冷功率为90kW制热功率为60kW的多联机空调系统，以实现更高效且经济的空调方案。多联机系统具有集中控制、节能和易维护等优点，将多个室内机连接到同一台室外机，从而降低了安装和维护成本。此外，多联机系统采用变频技术，可以根据负荷的变化自动调节运行功率，进一步提高能效。

根据目前市面上常见的空调效率取值，分体式空调的制冷性能系数（Coefficient of Performance，CoP）为3.0，制热CoP为2.5；变频多联机系统的制冷CoP为4.0，制热CoP为3.5。通过计算可得到不同空调系统在制冷和制热状态下的输入功率。

分体式空调的输入功率为

$$P_{ft_c} = \frac{Q_{ft_c}}{\text{CoP}_{ft_c}} = \frac{50\text{kW}}{3.0\text{kW}} = 16.67\text{kW}$$

$$P_{ft_h} = \frac{Q_{ft_h}}{\text{CoP}_{ft_h}} = \frac{45\text{kW}}{2.5\text{kW}} = 18\text{kW}$$

多联机空调的输入功率为

$$P_{zy_c} = \frac{Q_{zy_c}}{\text{CoP}_{zy_c}} = \frac{360\text{kW}}{4.0\text{kW}} = 90\text{kW}$$

$$P_{zy_h} = \frac{Q_{zy_h}}{\text{CoP}_{zy_h}} = \frac{240\text{kW}}{3.5\text{kW}} = 68.57\text{kW}$$

二、年耗电量计算

结合武汉地区的气候特点和全年逐时负荷模拟曲线，空调设备制冷时长和制热时长分别取1300h和500h，计算得到不同空调系统的全年能耗，为

$$E_{ft_c} = P_{ft_c} \times T_{ft_c} = 16.67\text{kW} \times 1300\text{h} = 21671\text{kW} \cdot \text{h}$$
$$E_{ft_h} = P_{ft_h} \times T_{ft_h} = 18\text{kW} \times 500\text{h} = 9000\text{kW} \cdot \text{h}$$
$$E_{zy_c} = P_{zy_c} \times T_{zy_c} = 90\text{kW} \times 1300\text{h} = 117000\text{kW} \cdot \text{h}$$
$$E_{zy_h} = P_{zy_h} \times T_{zy_h} = 68.57\text{kW} \times 500\text{h} = 34285\text{kW} \cdot \text{h}$$

全年总电耗为

$$E_y = E_{ft_c} + E_{ft_h} + E_{zy_c} + E_{zy_h} = 21671\text{kW} \cdot \text{h} + 9000\text{kW} \cdot \text{h} + 117000\text{kW} \cdot \text{h} + 34285\text{kW} \cdot \text{h}$$
$$= 181956\text{kW} \cdot \text{h}$$

三、局部碳排放因子和碳排放量的计算

下面详细介绍武汉市变电站空调系统的局部碳排放因子和碳排放量计算。

1. 局部碳排放因子（CF）计算

设火力发电占比为 P_f，水力发电占比为 P_h，其他可再生能源占比为 P_r；设燃煤发电占火力发电的比例为 P_c，燃气发电占火力发电的比例为 P_g；设燃煤发电碳排放因子为 C_c，燃气发电碳排放因子为 C_g。水力发电碳排放因子 C_h 和其他可再生能源的碳排放因子 C_r 在通常情况下可以被看作是 0，原因在于它们在运行过程中不直接产生 CO_2 排放。

则局部碳排放因子（CF）可根据式（2-1）计算，即

$$\mathrm{CF} = (C_c \times P_c + C_g \times P_g) \times P_f + C_h \times P_h + C_r \times P_r \qquad (2-1)$$

式中　C_c——燃煤发电碳排放因子，假设为华中电网范围内燃煤发电平均碳排放因子，即 $0.910\mathrm{kg}\ CO_2/\mathrm{kW \cdot h}$；

　　　C_g——燃气发电碳排放因子，假设为华中电网范围内燃气发电平均碳排放因子，即 $0.490\mathrm{kg}\ CO_2/\mathrm{kW \cdot h}$；

　　　C_h——水力发电碳排放因子，这里假设为 $0\mathrm{kg}\ CO_2/\mathrm{kW \cdot h}$；

　　　C_r——其他可再生能源碳排放因子，这里假设为 $0\mathrm{kg}\ CO_2/\mathrm{kW \cdot h}$；

　　　P_c——燃煤发电在火力发电中的占比，假设为 0.90；

　　　P_g——燃气发电在火力发电中的占比，假设为 0.10；

　　　P_f——火力发电在总发电量中的占比，假设为 0.80；

　　　P_h——水力发电在总发电量中的占比，假设为 0.15；

　　　P_r——其他可再生能源在总发电量中的占比，假设为 0.05。

计算得

$$\mathrm{CF} = (0.910\mathrm{kgCO_2}/\mathrm{kW \cdot h} \times 0.90 + 0.490\mathrm{kgCO_2}/\mathrm{kW \cdot h} \times 0.10) \times 0.80 + 0 \times 0.15 + 0 \times 0.05$$
$$= 0.6944\mathrm{kgCO_2}/\mathrm{kW \cdot h}$$

2. 能源消耗产生的碳排放量计算

设变电站空调系统全年能耗为 E_y，局部碳排放因子为 CF，则能源消耗产生的碳排放量（CE_e）可通过式（2-2）计算，即

$$CE_e = E_y \times \mathrm{CF} \qquad (2-2)$$

式中　E_y——全年能耗，根据之前的计算结果，约为 $181956\mathrm{kW \cdot h}$；

　　　CF——武汉地区局部碳排放因子，根据之前的估算，约为 $0.694\mathrm{kgCO_2/kW \cdot h}$。

代入参数，计算得

$$CE_e = 181956\mathrm{kW \cdot h} \times 0.694\mathrm{kgCO_2}/\mathrm{kW \cdot h} = 126277.464\mathrm{kgCO_2} \approx 126.278\mathrm{tCO_2}$$

第三节　其他气候区的变电站建筑空调系统碳排放计算

一、寒冷地区——以北京为例

根据 DeST 模拟结果，北京市各项负荷参数见表 2-3。

表 2-3 　　　　　　　　　　北京市模拟各项负荷参数

指标	数值	单位
全年最大热负荷	98.19	kW
全年最大冷负荷	270.09	kW
全年累计热负荷	99678.23	kW·h
全年累计冷负荷	578546.91	kW·h
全年最大热负荷指标	652.54	W/m²
全年最大冷负荷指标	144.51	W/m²
全年累计热负荷指标	53.33	kW·h/m²
全年累计冷负荷指标	309.55	kW·h/m²
采暖季热负荷指标	14.41	W/m²
空调季冷负荷指标	59.61	W/m²

1. 不同空调系统形式选配

根据模拟可以得到北京市的全年逐时空调负荷，如图 2-8 所示。

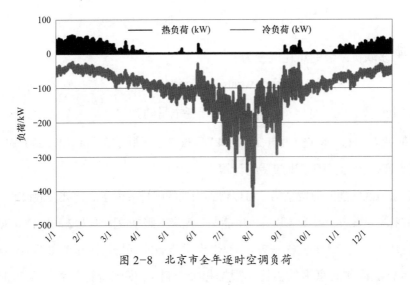

图 2-8　北京市全年逐时空调负荷

（1）分体式空调。假设每台空调的制冷量为 5kW，制热量为 4.5kW。安装 10 台分体式空调，总制冷量为 50kW，总制热量为 45kW。将这些设备分别安装在不同房间或区域，以满足局部空间的舒适度需求。

（2）变频多联机系统。配置 6 台变频多联机空调系统，每台制冷量为 75kW，每台制热量为 60kW。总制冷量为 450kW，总制热量为 360kW。这些系统可以根据室内负荷的变化自动调节运行速度，实现更高的能效比和节能效果。

经过初步方案的配置，总制冷量达到 500kW（10 台分体式空调制冷量 50kW 和 6 台变频多联机系统制冷量 450kW），基本满足最大冷负荷 444.62kW 的需求。同时，总制热量达到 405kW（10 台分体式空调制热量 45kW 和 6 台变频多联机系统制热量 360kW），能满足最大热负荷 53.22kW 的需求。

2. 年耗电量计算

取分体式空调的能效比为 3.0，变频多联机系统的能效比为 4.0。在此基础上，可以初步估算空调年耗电量。结合北京地区的气候特点和全年逐时负荷模拟曲线，空调设备制冷时长和制热时长分别取 1200h 和 800h。

分体式空调的年耗电量为

$$\frac{5kW}{3.0} \times 1200h + \frac{4.5kW}{3.0} \times 800h = 3200kW \cdot h$$

10 台分体式空调的年耗电量为

$$3200kW \cdot h \times 10 = 32000kW \cdot h$$

变频多联机系统的年耗电量为

$$\frac{75kW}{4.0} \times 1200h + \frac{60kW}{4.0} \times 800h = 34500kW \cdot h$$

6 台变频多联机系统的年耗电量为

$$34500kW \cdot h \times 6 = 207000kW \cdot h$$

基于以上计算，北京地区变电站的空调年耗电量约为

$$32000kW \cdot h(分体式空调) + 207000kW \cdot h(变频多联机系统) = 239000kW \cdot h$$

3. 局部碳排放因子和碳排放量的计算

根据北京地区的能源消费结构，可以得到当地的碳排放因子。比如，假设北京地区电力消费的主要来源为煤炭、天然气和可再生能源。煤炭的碳排放因子为 $2.30kgCO_2/kW \cdot h$，天然气的碳排放因子为 $0.44kgCO_2/kW \cdot h$，可再生能源的碳排放因子为 $0.12kgCO_2/kW \cdot h$。通过了解各种能源在北京市的占比。根据相关资料（《中国统计年鉴》及其他数据源），结合近些年北京的能源消费结构，取煤炭占 55%，天然气占 35%，可再生能源占 10%。计算出北京地区的加权平均碳排放因子为

$$(2.30\mathrm{kgCO_2}/\mathrm{kW\cdot h}\times55\%)+(0.44\mathrm{kgCO_2}/\mathrm{kW\cdot h}\times35\%)+(0.12\mathrm{kgCO_2}/\mathrm{kW\cdot h}\times10\%)$$
$$=1.265+0.154+0.012=1.431\mathrm{kgCO_2}/\mathrm{kW\cdot h}$$

接下来，使用前面计算出的空调年耗电量（239000kW·h）与北京地区的加权平均碳排放因子（1.431kgCO₂/kW·h）相乘，得到碳排放量为

$$CE_e=239000\mathrm{kW\cdot h}\times1.431\mathrm{kgCO_2}/\mathrm{kW\cdot h}=342009\mathrm{kgCO_2}=34.20\mathrm{tCO_2}$$

因此，北京地区该变电站的空调系统每年大约产生碳排放 34.20tCO₂。

二、温和地区——以昆明为例

根据 DeST 模拟结果，昆明市各项负荷参数见表 2-4。

表 2-4 　　　　　　　　　　昆明市模拟各项负荷参数

指标	数值	单位
全年最大热负荷	39.78	kW
最大冷负荷	147.01	kW
全年累计热负荷	3904.22	kW·h
全年累计冷负荷	849130.67	kW·h
全年最大热负荷指标	21.28	W/m²
全年最大冷负荷指标	78.66	W/m²
全年累计热负荷指标	2.09	kW·h/m²
全年累计冷负荷指标	454.33	kW·h/m²
采暖季热负荷指标	0.46	W/m²
空调季冷负荷指标	54.17	W/m²

1. 不同空调系统形式选配

根据模拟可以得到昆明市的全年逐时空调负荷，如图 2-9 所示。

（1）分体式空调。配置每台制冷量为 5kW，制热量为 4.5kW。安装 10 台分体式空调，总制冷量为 50kW，总制热量为 45kW。将这些设备分别安装在不同房间或区域，以满足局部空间的舒适度需求。

（2）变频多联机系统。配置 2 台变频多联机空调系统，每台制冷量为 50kW，每台制热量为 55kW。总制冷量为 100kW，总制热量为 110kW。这些系统可以根据室内负荷的变化自动调节运行速度，实现更高的能效比和节能效果。

经过该初步方案的配置，总制冷量达到 150kW（10 台分体式空调制冷量 50kW＋2 台变频多联机系统制冷量 100kW），基本满足最大冷负荷 147.01kW 的需求。同时，总制热量达到 155kW（10 台分体式空调制热量 45kW 和 2 台变频多联机系统制热量 110kW），

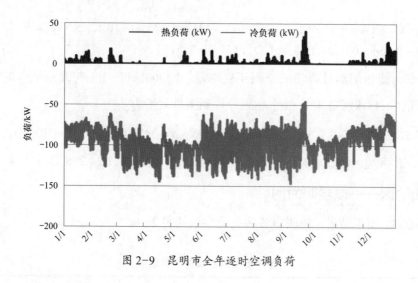

图 2-9　昆明市全年逐时空调负荷

能满足最大热负荷 39.78kW 的需求。

2. 年耗电量计算

取分体式空调的能效比为 3.0，变频多联机系统的能效比为 4.0。在此基础上，可以初步估算空调年耗电量。结合昆明地区的气候特点和全年逐时负荷模拟曲线，空调设备制冷时长和制热时长分别取 1600h 和 200h。

（1）分体式空调年耗电量为

$$Q_{ft_c} = 10 \times 5\text{kW} = 50\text{kW}$$

$$P_{ft_c} = \frac{Q_{ft_c}}{\text{EER}} = \frac{50\text{kW}}{3} = 16.67\text{kW}$$

$$E_{ft} = E_{ft_c} + E_{ft_h} = 16.67\text{kW} \times 1600\text{h} + 16.67\text{kW} \times 200\text{h} = 30006\text{kW} \cdot \text{h}$$

（2）变频多联机系统年耗电量为

$$Q_{zy_c} = 2 \times 50\text{kW} = 100\text{kW}$$

$$P_{zy_c} = \frac{Q_{zy_c}}{\text{EER}} = \frac{100\text{kW}}{3.5} = 28.57\text{kW}$$

$$E_{zy} = E_{zy_c} + E_{zy_h} = 28.57\text{kW} \times 1600\text{h} + 28.57\text{kW} \times 200\text{h} = 51426\text{kW} \cdot \text{h}$$

（3）全年总能耗为

$$E_{\text{total}} = E_{ft} + E_{zy} = 30006\text{kW} \cdot \text{h} + 51426\text{kW} \cdot \text{h} = 81432\text{kW} \cdot \text{h}$$

3. 局部碳排放因子和碳排放量的计算

昆明位于中国云南省，以水力发电、火力发电（主要燃料为煤）和天然气为主要能源。根据相关资料（《中国统计年鉴》及其他数据源），假设昆明的能源消费结构如下：

水力发电 60%、火力发电（煤炭）30%、天然气 10%。不同能源的碳排放因子为水电 0kg CO_2/(kW·h)（这里指忽略水电建设和运维过程产生的碳排放）、火电（煤炭）0.9kg CO_2/(kW·h)、天然气 0.4kgCO_2/(kW·h)。

昆明的局部碳排放因子为

$$0.6 \times 0 + 0.3 \times 0.9 + 0.1 \times 0.4 = 0.27 + 0.04 = 0.31 \text{kgCO}_2 / (\text{kW} \cdot \text{h})$$

接下来，使用此碳排放因子计算空调系统的碳排放量。根据之前计算的总年耗电量（81432kW·h），空调系统的碳排放量为

$$CE_e = 81432 \text{kW} \cdot \text{h} \times 0.31 \text{kgCO}_2 / (\text{kW} \cdot \text{h}) = 25243.92 \text{kgCO}_2 \approx 25.24 \text{tCO}_2$$

三、严寒地区——以哈尔滨为例

根据 DeST 模拟结果，哈尔滨各项负荷参数见表 2-5。

表 2-5　　　　　　　　　　哈尔滨市模拟各项负荷参数

指标	数值	单位
全年最大热负荷	98.19	kW
最大冷负荷	270.09	kW
全年累计热负荷	99678.23	kW·h
全年累计冷负荷	578546.91	kW·h
全年最大热负荷指标	652.54	W/m²
全年最大冷负荷指标	144.51	W/m²
全年累计热负荷指标	53.33	kW·h/m²
全年累计冷负荷指标	309.55	kW·h/m²
采暖季热负荷指标	14.41	W/m²
空调季冷负荷指标	59.61	W/m²

1. 不同空调系统形式选配

根据模拟可以得到哈尔滨的全年逐时空调负荷，如图 2-10 所示。

配置 10 台分体式空调，每台制冷量为 5kW，总制冷量为 50kW。将这些设备分别安装在不同房间或区域，以满足局部空间的舒适度需求。配置 3 台大型变频多联机空调系统，每台制冷量为 80kW，总制冷量为 240kW；假设每台系统的制热量为 90kW，总制热量为 270kW。这些系统可以根据室内负荷的变化自动调节运行速度，实现更高的能效比和节能效果。总制冷量达到 290kW（10 台分体式空调制冷量 50kW 和 3 台变频多联机系统制冷量 240kW），基本满足最大冷负荷 270.09kW 的需求。同时，3 台变频多联机系统的总制热量为 270kW，可以满足最大热负荷 98.19kW 的需求。

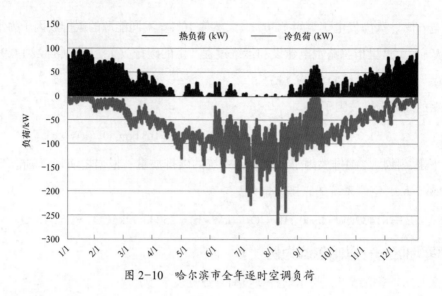

图 2-10 哈尔滨市全年逐时空调负荷

2. 年耗电量计算

取分体式空调的能效比为 3.0，变频多联机系统的能效比为 3.5。在此基础上，可以初步估算空调年耗电量。结合哈尔滨地区的气候特点和全年逐时负荷模拟曲线，空调设备制冷时长和制热时长分别取 600h 和 1000h。

（1）分体式空调年耗电量为

$$Q_{ft_c} = 10 \times 5\text{kW} = 50\text{kW}$$

$$P_{ft_c} = \frac{Q_{ft_c}}{\text{EER}} = \frac{50\text{kW}}{3} = 16.67\text{kW}$$

$$E_{ft} = E_{ft_c} + E_{ft_h} = 16.67\text{kW} \times 600\text{h} + 16.67\text{kW} \times 1000\text{h} = 26672\text{kW} \cdot \text{h}$$

（2）变频多联机系统年耗电量为

$$Q_{zy_c} = 3 \times 80\text{kW} = 240\text{kW}$$

$$P_{zy_c} = \frac{Q_{zy_c}}{\text{EER}} = \frac{240\text{kW}}{3.5} = 68.57\text{kW}$$

$$E_{zy} = E_{zy_c} + E_{zy_h} = 68.57\text{kW} \times 600\text{h} + 68.57\text{kW} \times 1000\text{h} = 109712\text{kW} \cdot \text{h}$$

（3）全年总能耗为

$$E_{\text{total}} = E_{ft} + E_{zy} = 26672\text{kW} \cdot \text{h} + 109712\text{kW} \cdot \text{h} = 136384\text{kW} \cdot \text{h}$$

3. 局部碳排放因子和碳排放量的计算

哈尔滨位于中国黑龙江省，以煤炭和天然气为主要能源。根据相关资料（《中国统计年鉴》及其他数据源），取哈尔滨的能源消费结构如下：煤炭 70%、天然气 15%、水力发电、风力发电和太阳能等可再生能源 10%、其他 5%。不同能源的碳排放因子为煤炭 0.9g $CO_2/kW \cdot h$、天然气 0.4kg $CO_2/kW \cdot h$、可再生能源 0kg $CO_2/kW \cdot h$（这里指忽略可再生能源的建设和运维过程产生的碳排放）、其他能源暂时不考虑。

哈尔滨的局部碳排放因子为

$$0.7 \times 0.9 + 0.15 \times 0.4 + 0.1 \times 0 = 0.63 + 0.6 = 0.69 kgCO_2 / kW \cdot h$$

接下来，使用此碳排放因子计算空调系统的碳排放量。根据之前计算的总年耗电量（375,699kW·h），空调系统的年碳排放量为

$$CE_e = 136384 kW \cdot h \times 0.69 kgCO_2 / kW \cdot h = 94104.96 kgCO_2 = 94.10 tCO_2$$

四、夏热冬暖地区——以广州为例

根据 DeST 模拟结果，广州各项负荷参数见表 2-6。

表 2-6　　　　　　　　　　广州市模拟各项负荷参数

指标	数值	单位
全年最大热负荷	12.96	kW
全年最大冷负荷	380.97	kW
全年累计热负荷	431	kW·h
全年累计冷负荷	1302314.74	kW·h
全年最大热负荷指标	6.93	W/m²
全年最大冷负荷指标	203.84	W/m²
全年累计热负荷指标	0.23	kW·h/m²
全年累计冷负荷指标	696.81	kW·h/m²
采暖季热负荷指标	0.08	W/m²
空调季冷负荷指标	115.86	W/m²

1. 不同空调系统形式选配

根据模拟可以得到广州市全年逐时空调负荷，如图 2-11 所示。

根据广州市的负荷模拟结果，选用 10 台分体式空调和 4 台多联机空调作为配置方案。这样的选型不仅可以满足特殊空间对独立温控的要求，还可实现大空间区域的高效制冷和制热。在实际应用中，配备适当数量和类型的空调设备，有助于提高整体的空调系统性能，同时确保能源消耗得到有效控制。

（1）分体式空调。取每台制冷量为 5kW，制热量为 4.5kW。安装 10 台分体式空调，总制冷量为 50kW，总制热量为 45kW。将这些设备分别安装在不同房间或区域，以满足局部空间的舒适度需求。

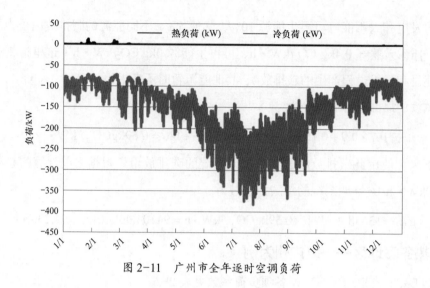

图 2-11　广州市全年逐时空调负荷

（2）变频多联机系统。配置 4 台变频多联机空调系统，每台制冷量为 85kW，每台制热量为 60kW。总制冷量为 340kW，总制热量为 240kW。这些系统可以根据室内负荷的变化自动调节运行速度，实现更高的能效比和节能效果。

经过初步方案的配置，总制冷量达到 390kW（10 台分体式空调制冷量 50kW 和 6 台变频多联机系统制冷量 340kW），满足最大冷负荷 380.97kW 的需求。同时，总制热量达到 285kW（10 台分体式空调制热量 45kW 和 6 台变频多联机系统制热量 240kW），能满足最大热负荷 12.96kW 的需求。

2. 用电量计算

取分体式空调的能效比为 3.0，变频多联机系统的能效比为 3.5。在此基础上，可以初步估算空调年耗电量。结合哈尔滨地区的气候特点和全年逐时负荷模拟曲线，空调设备制冷时长和制热时长分别取 1500h 和 20h。

（1）分体式空调的年耗电量为

$$Q_{ft_c} = 10 \times 5\text{kW} = 50\text{kW}$$

$$P_{ft_c} = \frac{Q_{ft_c}}{\text{EER}} = \frac{50\text{kW}}{3} = 16.67\text{kW}$$

$$E_{ft} = E_{ft_c} + E_{ft_h} = 16.67\text{kW} \times 1500\text{h} + 16.67\text{kW} \times 20\text{h} = 25338.4\text{kW} \cdot \text{h}$$

（2）变频多联机系统的年耗电量为

$$Q_{zy_c} = 4 \times 85\text{kW} = 340\text{kW}$$

$$P_{zy_c} = \frac{Q_{zy_c}}{\text{EER}} = \frac{340\text{kW}}{3.5} = 97.14\text{kW}$$

$$E_{zy} = E_{zy_c} + E_{zy_h} = 97.14\text{kW} \times 1500\text{h} + 97.14\text{kW} \times 20\text{h} = 147652.8\text{kW} \cdot \text{h}$$

（3）全年总能耗为

$$E_{\text{total}} = E_{ft} + E_{zy} = 25338.4\text{kW} \cdot \text{h} + 147652.8\text{kW} \cdot \text{h} = 172991.2\text{kW} \cdot \text{h}$$

3. 局部碳排放因子与碳排放量

为了计算广州市局部排放因子以及由于耗电的碳排放量，需要将不同能源类型的消费量统一转换为标准煤，并利用碳排放系数进行计算。

（1）将各种能源消费量转换为标准煤。参考能源消费结构对局部碳排放因子进行计算。假设广州市能源消费结构见表 2-7，各种能源消费量占比如图 2-12 所示。

表 2-7　　　　　　　　　　　广州市能源消费结构

能源类型	消费量 / 万 tce	百分比（%）
煤炭	1116	19.46
油	1102.85	21.2
天然气	4200	13.18
一次电力及其他	2601	45.36
总计	9119.85	100

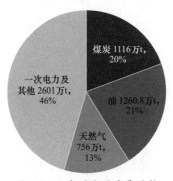

图 2-12　广州能源消费结构

（2）计算局部排放因子（单位：tCO_2/ 万吨标准煤）。各能源类型的碳排放系数见表 2-8。

表 2-8　　　　　　　　　　各 能 源 碳 排 放 系 数

能源类型	碳排放系数
煤	2.32
油	1.96
天然气	1.44

利用这些碳排放系数计算各能源消费对应的碳排放量，并将其除以总能源消费量，得到局部排放因子。计算与过程如下

$$局部排放因子 = \frac{煤 \times 2.32 + 油 \times 1.96 + 天然气 \times 1.44}{总能源消费量}$$

$$= \frac{1116 \times 2.32 + 1102.85 \times 1.96 + 4200 \times 1.44}{5733.8}$$

$$= 1.88 tCO_2 / 万吨标准煤$$

（3）使用年耗电量和局部排放因子来计算碳排放量。目前已知年耗电量为 172995.5kW·h （或 21.26 万吨标准煤），局部排放因子为 1.88tCO_2/ 万吨标准煤。计算过程为

$$CE_e = 21.26 \times 1.88 = 39.97 tCO_2$$

根据以上计算，广东地区变电站由于空调系统耗电产生的碳排放量约为 39.97tCO_2，结果供参考。

第三章 基于多技术整合的新建低碳变电站案例

本章以浙江安吉经济技术开发区中城北核心区内的新建城北 110kV 变电站为例，介绍了光伏发电、绿地碳汇、低碳电气设备、近零能耗建筑等系列低碳技术在变电站上的应用，同时，介绍了应用于变电站的各种低碳技术的优化配置方法，为低碳变电站的设计及建设提供技术指导。

第一节 BIM 模型构建及分析

本章案例选取位于浙江安吉经济技术开发区中城北核心区内的新建城北 110kV 变电站，该项目位于绕城北线和环岛东路交口西北角，是新型电力系统"零碳"变电站试点工程，如图 3-1 所示。城北 110kV 变电站包括站内全部一次及二次电气设备安装，站内生产及辅助生产建筑、站内供排水系统。

图 3-1 新建城北 110kV 变电站

项目本期设计主变压器容量 2×50MVA，主要设备配置及其技术指标详见表 3-1。

表 3-1　　　　　　　新建城北 110kV 变电站主要设备配置及其技术指标

建筑面积	642m²
主变压器	（本期）2×50MVA
各电压等级出线	110kV 进线本期 2 回，远期 3 回； 10kV 出线本期 24 回，远期 36 回
无功补偿	每台变压器按 SVG 8000kvar 配置，本期 2 组 SVG
电气主接线	110kV 本期内桥接线，远期内桥＋线变组接线； 10kV 本期单母线分段接线，远期单母线四分段接线

短路电流	110kV：40kA； 10kV：主变压器进线及分段 40kA，出线 31.5kA
主设备选型	主变压器采用三相双绕组自冷有载调压一体式变压器，植物油绝缘； 110kV 采用户内 GIS 组合电器，环保气体绝缘； 10kV 采用户内铠装中置式开关柜； 10kV 消弧线圈采用柜式成套装置
配电装置	主变压器户外布置； 110kV：室内 GIS，电缆进线，与开关柜室一体化布置； 10kV：室内开关柜双列布置，全电缆出线； SVG：户外箱式成套装置
接地系统	110kV：经隔离开关或避雷器、放电间隙的接地方式； 10kV：经消弧线圈接地
站用电系统	接地变压器兼站用变压器，两台站用变压器均为 200kVA，分别接于 I 段母线及 III 段母线
直流系统	不设置独立的蓄电池，与站用电微电网系统储能共享蓄电池，容量不低于 88kW； 直流系统采用高频开关充电装置，配置 1 套，单套模块数按 $N+1$ 配置； 直流系统辐射型供电
监控系统	一体化监控系统完成全站监控及远传，按无人值班运行设计
继电保护	采用微机保护
电力计量	主变压器低压侧设关口计量，主副电能表各 2 只，0.5S 级；设置远方电能量数据终端

第二节 适用低碳技术分析和评估

一、绿化减排量

本项目绿地使用面积为 1000m²，主要为场地绿化的碳汇量。

第一年的绿化减排量为

$$C_{lh} = \sum_{i=1}^{n}(C_i \times Q_i) \times 0.34 \qquad (3-1)$$

式中 Q_i——一年生蔓藤、低草花花圃或低茎野草地（高约 0.25m，土壤深度 >0.3m）；

C_i——单位绿化面积第一年减排量。

新建城北 110kV 变电站绿化减排量见表 3-2。

表 3-2 　　　　　　　　新建城北 110kV 变电站绿化减排量

绿化位置	面积 /m²	植物配置	碳汇因子 / [kg CO₂e/（m²·年）]	年度碳汇量 / （tCO₂e/年）	全生命周期（30 年） 减排量 /tCO₂e
场地	1000	草皮	0.34	0.34	10.2

注 绿化碳汇因子来源为《广东省建筑碳排放计算导则》。

二、光伏发电量

本项目光伏安装区域涉及生产楼外墙和屋顶光伏方案、车棚光伏、光伏幕墙、围墙光伏等区域的应用。其中车棚、屋顶为单晶组件，生产楼外墙、围墙为钙钛矿组件。城北变电站光伏配置见表 3-3。

表 3-3　　　　　　　　　　　城北变电站光伏配置

光伏安装位置	安装面积 /m²	组件类型	装机容量 /kWp
车棚（预留）	79	单晶硅组件	17.1
警卫室	50	BIPV 单晶硅组件	8.55
生产楼屋顶（预留）	517	单晶硅组件	75.24
配电装置室南立面	300	钙钛矿组件	45
配电装置室东立面	50	钙钛矿组件	7.5
配电装置室西立面	50	钙钛矿组件	7.5
南面围墙	170	钙钛矿组件	25.5
西面围墙	80	钙钛矿组件	12
东面围墙	80	钙钛矿组件	12
合计	1376	钙钛矿组件	210.39

注　BIPV（Building Integrated PhotoVoltaic，光伏建筑一体化）。

（1）水平面总辐射量。根据 Metenorm 数据，项目场址是浙江安吉经济技术开发区中城北核心区内，位于绕城北线和环岛东路交口西北角，水平面上年平均太阳辐射量为 1215kW·h/m²·a。

（2）斜面总辐射量。安装倾斜角为屋面自然角度，倾角较小，约 5°，对接收太阳辐射量的影响较小，且存在南北坡正负两种角度（容量分布平均），因此可采用简略算法，令斜面年平均辐照量近似等于水平面年平均辐照量，即 1215kW·h/m²·a。

（3）年发电小时数。根据斜面年总辐射量，年峰值日照（发电）小时数为 1215h。

1. 单晶组件

（1）理论年发电量。单晶组件主要用于混凝土屋顶光伏、车棚光伏、预制舱屋顶。光组件装机功率合计为 0.10089MWp，有

光伏电站理论年发电量 = 实际装机功率（MWp）× 年利用小时数（h）

= 装机功率 × 年利用小时数 = 0.10089MWp × 1215h

= 122.581MW·h

（2）年发电量。

1）系统的总效率。要估算项目上网电量，需在理论发电量上进行折减，即计算系统的总效率，需要考虑以下几个方面。

a. 光伏方阵效率。光伏方阵在 1000W/m² 太阳辐射强度下，实际的直流输出功率与标称功率之比为光伏方阵效率。光伏阵列在能量转换与传输过程中的损失包括：① 光伏组件能量转换损失，考虑组件表面朝向不均性及光照接收偏差，此部分损失取值 2%；② 组件匹配损失，对于精心设计、精心施工的系统，约有 4% 的损失；③ 粉尘污染损失，即组件表面尘埃遮挡损失，取值 4%；④ 不可利用太阳辐射损失，即不可利用的低、弱太阳辐射损失，取 2%；⑤ 温度损失，温度影响额定输出功率，温度高于标准温度时额定输出功率下降，取值 3%。以上参数选择见《光伏发电站设计规范》（GB 50797—2012）。综合各项因素，有

$$\eta_1 = 98\% \times 96\% \times 96\% \times 98\% \times 97\% = 85.9\%$$

b. 直流输电效率。直流系统包括直流电缆、汇流箱（若有）及逆变器等。直流系统损失包括直流网络损失和逆变器损失，逆变器效率为 98.7%，直流网络损失约 3%。故直流输电效率为

$$\eta_2 = 98.7\% \times 97\% = 95.7\%$$

c. 交流并网效率。即从逆变器交流输出至高压电网的传输效率，其中最主要的是升压变压器的效率和交流电气连接的线路损耗。本次测算采用 $\eta_3 = 98\%$。

系统的总效率等于上述各部分效率的乘积，即

$$\eta = \eta_1 \times \eta_2 \times \eta_3 = 85.9\% \times 95.7\% \times 98\% = 80.6\%$$

以此数据进一步估算光伏发电站的年发电量，有

光伏发电站的年发电量 $= 122.58\text{MW} \cdot \text{h} \times 80.6\% = 98.80\text{MW} \cdot \text{h}$

2）衰减效率。光伏组件在光照及常规大气环境中使用会有衰减，根据单晶硅 25 年标准衰减率，同时考虑行业标准，按照线性衰减，第 1 年衰减 1%，第 2～25 年平均年衰减率 0.4%，后 5 年的衰减率也按 0.4% 计算。年发电量估算结果见表 3-4。

表 3-4 　　　　　　　　　　　　　　30 年发电量估算结果

年份	理论发电量 / MW·h	年衰减（%）	总衰减（%）	实际出力率（%）	年发电量 / MW·h
1	98.80	1	1	99	96.52
2	98.80	0.4	1.4	98.6	96.13
3	98.80	0.4	1.8	98.2	95.74
4	98.80	0.4	2.2	97.8	95.35

续表

年份	理论发电量/ MW·h	年衰减（%）	总衰减（%）	实际出力率（%）	年发电量/ MW·h
5	98.80	0.4	2.6	97.4	94.96
6	98.80	0.4	3	97	94.57
7	98.80	0.4	3.4	96.6	94.18
8	98.80	0.4	3.8	96.2	93.79
9	98.80	0.4	4.2	95.8	93.40
10	98.80	0.4	4.6	95.4	93.01
11	98.80	0.4	5	95	92.62
12	98.80	0.4	5.4	94.6	92.23
13	98.80	0.4	5.8	94.2	91.84
14	98.80	0.4	6.2	93.8	91.45
15	98.80	0.4	6.6	93.4	91.06
16	98.80	0.4	7	93	90.67
17	98.80	0.4	7.4	92.6	90.28
18	98.80	0.4	7.8	92.2	89.89
19	98.80	0.4	8.2	91.8	89.50
20	98.80	0.4	8.6	91.4	89.11
21	98.80	0.4	9	91	88.72
22	98.80	0.4	9.4	90.6	88.33
23	98.80	0.4	9.8	90.2	87.94
24	98.80	0.4	10.2	89.8	87.55
25	98.80	0.4	10.6	89.4	87.16
26	98.80	0.4	11	89	86.77
27	98.80	0.4	11.4	88.6	86.38
28	98.80	0.4	11.8	88.2	85.99
29	98.80	0.4	12.2	87.8	85.60
30	98.80	0.4	12.6	87.4	85.21
30 年总发电量/MW·h					2725.93
30 年平均发电量/MW·h					90.86

由表 3-4 可知，单晶组件首年发电量为 96.52MWh，30 年年均发电量为 90.86MWh，30 年总发电量为 2725.93MWh。

2. 围墙、外墙立面光伏采用钙钛矿组件

围墙光伏采用钙钛矿组件，根据《光伏发电站设计规范》（GB 50797—2012）可知装机功率 109.5kWp 系统的总效率 $\eta = 53\%$。

光伏组件在光照及常规大气环境中使用会有衰减，根据单晶硅 25 年标准衰减率，同时考虑行业标准，按照线性衰减，第 1 年衰减 2.5%，第 2～25 年平均年衰减率 0.6%，后 5 年的衰减率也按 0.6% 计算。

钙钛矿组件首年发电量为 68.750MW·h，30 年年均发电量为 62.616MW·h，30 年总发电量为 1878.466MW·h。

3. 光伏发电量合计

光伏发电量汇总见表 3-5。

表 3-5　　　　　　　　　　　　　光伏发电量汇总

安装位置	光伏材料	面积 /m²	首年发电量 /MW·h	30 年发电量 /MW·h	全生命周期（30 年）减排量 tCO$_2$e
屋顶、车棚、警卫室	单晶组件	646	97.691	2759.038	1603.00
外立面、围墙	钙钛矿组件	730	68.750	1878.47	1091.39
合计		1376	166.441	4637.5	2694.39
年平均发电量				154.583	—

根据表 3-5 中数据，有

$$首年发电量 = 96.902MW·h + 68.750MW·h = 165.652MW·h$$

$$30 年发电量 = 2759.038MW·h + 1878.466MW·h = 4637.504MW·h$$

第三节　最优化技术方案生成

根据变电站建设以及运行阶段的生产方式，将碳排放分为建设备阶段及运营阶段碳排放，同时纳入碳汇计算，最后以变电站全生命周期总碳排放最小为目标进行优化设计。

一、变电站建设阶段碳排放

变电站建设阶段碳排放为

$$C_{js} = C_{jc} + C_{ys} + C_{jn} \qquad (3-2)$$

式中　C_{js}——建设阶段碳排放；

C_{jc}——建材、设备生产过程碳排放；

C_{ys}——材料运输阶段碳排放；

C_{jn}——建设阶段能源消耗排放。

1. 建材、设备生产过程碳排放

建材、设备生产过程碳排放为

$$C_{\text{jc}} = \sum_{i=1}^{n}(q_i \times e_i) \qquad\qquad (3\text{-}3)$$

式中　q_i——各类建材实际使用量；

　　　e_i——各类原材料生产加工的碳排放系数；

　　　n——建材种类数。

主要材料包含钢筋、混凝土、陶瓷、砌块等建筑材料。

本项目主要设备包含变压器、GIS、开关柜、SVG、接地变生产过程碳排放。

2. 材料运输碳排放量

材料运输碳排放量为

$$C_{\text{ys}} = \sum_{i=1}^{n}(M_i \times D_i \times F_i) \qquad\qquad (3\text{-}4)$$

式中　M_i——第 i 种建材的消耗量；

　　　D_i——第 i 种建材的运输距离；

　　　F_i——单位重量运输距离的 CO_2 排放系数。

3. 能源消耗碳排放

变电站建造阶段的能源碳排放，指建筑建造过程的综合碳排放。建筑建设工程，一般分为基础工程、装修工程、结构工程、安装工程、场地运输、施工临设 6 大分部工程。因按照建筑工程分项建立碳排放核算清单，过程比较繁复，且基础数据很难获得，操作性较弱。建筑建造阶段的碳排放主要来自三个方面：一是部分建材加工能耗，包括混凝土的加工，以及装配式建筑预制构件生产加工产生的碳排放；二是施工人员在场地工作生活产生的碳排放，包括工棚空调、照明等；三是施工能耗，包括施工设备的使用电耗、油耗等。

施工能耗定额法。对于施工人员的工作生活用能，可以通过估算施工人员数量评估所需要的办公场地建筑面积，然后按照 $40\text{kWh}/(\text{m}^2 \cdot \text{a})$ 的单位面积电耗估算办公场地的用电量。对于施工设备的用能碳排放核算，可通过统计施工器械设备的台班数量，并利用施工台班的碳排放定额进行计算，计算公式为

$$C_{\text{jn}} = \sum_{i=1}^{n} Q_i \sum_{i=1}^{N}(U_{j,i} \times Q_{j,i}) \qquad\qquad (3\text{-}5)$$

式中　Q_i——第 i 种能源的碳排放因子，取值可参考《建筑碳排放计算标准》(GB/T
　　　　　51366—2019)；

　　　$U_{j,i}$——使用第 i 种能源的第 j 种设备的班台量；

　　　$Q_{j,i}$——使用第 i 种能源的第 j 种施工机械设备的耗能定额；

n——共使用的能源种类数；

N——共使用的机械种类数，具体可参考《全国统一施工机械台班费用编制规则》，本项目根据业主提供能源消耗计算。

二、变电站运营阶段碳排放

1. 能源消耗碳排放

主要包含建筑物在使用过程中用于供配变电系统、照明系统、暖通系统、排水系统等的电能消耗量，维护通勤人员日常通勤的柴油消耗量。

$$C_{jsny} = 各区域用电量 \times 电力排放因子 + 柴油消耗量 \times 柴油排放因子$$

本项目采用 2022 年全国电力排放因子 $0.5810tCO_2/MW \cdot h$。本项目柴油排放因子，$3.15tCO_2/t$。

2. 逸散排放

（1）制冷剂空调设备温室气体的逸散排放。采用平均逸散量法，即依据原有填充量和设备年平均逸散率，求得每年的平均逸散量。原有填充量来自设备铭牌，本项目泄漏率取 0.5%（平均逸散率来自《2006IPCC 国家温室气体清单指南》2019 版第 3 卷第 7 章的表 7.9）。

（2）变电站设备：变压器。设备可能会采用 SF_6 作为灭弧气体。虽然密封性好，但 SF_6 还是会逸散。对于其排放的量化和制冷剂相同，可采用填充量法和逸散量法。因为其填充周期很长，故一般采用逸散量法进行计算。活动数据为设备铭牌或说明书提供数据，排放系数也首先从设备说明书中获得。计算方法与制冷剂相同。项目生产阶段采用《2006IPCC 国家温室气体清单指南》亚洲地区日本系数 0.29。根据《六氟化硫电气设备中气体管理和检测导则》（GB/T 8905—2012），气体泄漏≤0.5%，本项目泄漏率取 0.5%。

（3）运营阶段化粪池甲烷的逸散、灭火器的逸散等。化粪池是初级的水处理设施，在厌氧的环境中，会释放出甲烷的排放。

采用《2006IPCC 国家温室气体清单指南》第 5 卷第 6 章生活污水的量化方法，活动数据为一年中废水中有机物的总量（TOW），即

$$TOW = P \times BOD \times 0.001 \times I \times D \tag{3-6}$$

式中　P——在盘查周期下组织的人数，人；

　　BOD——人均 BOD 值，根据《2006IPCC 国家温室气体清单指南》，亚洲取值为 40g/人/天；

　　I——排入下水道的附加工业 BOD 修正因子；

D——盘查周期下的天数，天。

排放因子为

$$EF = Bo \times MCF \qquad (3-7)$$

式中 Bo——最大的 CH_4 产生能力，取 $0.6kg\ CH_4/kg\ BOD$；

$\quad\quad MCF$——甲烷修正因子（比例），取 0.5。

（4）一般可能涉及温室气体排放的灭火器为二氧化碳灭火器及 FM200 灭火系统（七氟丙烷灭火系统，代号为 HFC-227ea）。计算方法与制冷剂相同，可采用填充量法和逸散量法。若采用逸散量法，可参考《2006IPCC 国家温室气体清单指南》第 3 卷第 7 章 6.2.2 提供的逸散率。

便携式灭火器：2%～6%，本项目取值 4%；

灭火系统：1%～3%，本项目取值 2%。

其碳排放计算为各类排放源消耗量乘以对应的碳排放因子之和。

三、绿化碳汇和光伏发电量

变电站减排量主要为绿化碳汇量和光伏减排量。

$$C_p = C_{lh} + C_{gf} \qquad (3-8)$$

式中 C_p——项目碳汇总量；

$\quad\quad C_{lh}$——绿化碳汇；

$\quad\quad C_{gf}$——光伏减排量。

1. 绿化碳汇量

主要包括绿化碳汇措施的碳汇量。

$$C_{lh} = \sum_{i=1}^{n}(C_i \times Q_i)N \qquad (3-9)$$

式中 C_i——第 i 种碳汇的量，单位视碳汇类型而定，一般为面积单位 m^2；

$\quad\quad Q_i$——第 i 种碳汇的碳汇因子；

$\quad\quad N$——运营期年份，按基准年减排量估算 30 年用量。

2. 光伏发电量

光伏安装区域分为（常规混凝土屋顶光伏方案、车棚光伏、光伏道路、光伏幕墙、围墙光伏等区域的应用。

$$L = WH\eta \qquad (3-10)$$

式中 L——年发电量；

$\quad\quad W$——装机容量；

H——年峰值利用小时数；

η——光伏电站的系统效率。

光伏设计为变电站内部使用，排放因子采用全国排放因子。

第四节　低碳变电站营建及运营方案

为实现变电站低碳运行，本节介绍了低碳变电站在营建及运营过程中需要考虑的内容。

一、主变压器

110kV 选用植物绝缘油变压器，具有防火安全性能高、绿色低碳可降解、过负荷能力强等优点。

变压器余热综合梯级利用系统采用分两级综合利用方法。第一级利用热泵原理从变压器油冷却回路提取热量制高温热水；第二级利用塞贝克效应从高温热水中取能，通过半导体温差发电进入变电站微电网储能系统。同时高温热水变成中低温热水供给末端用热设备。

综合考虑，变压器余热综合（梯级）利用方案系统整机效率有望实现 50%～60%，扣除设备增加电耗外，可实现回收利用 50%。

二、GIS 选用 CO_2 绝缘气体

110kV 开关设备采用 CO_2 气体替代 SF_6，通过分离空气法得到 CO_2，无温室气体排放，同时铝合金壳体具有重量轻、防腐性能好等优点，可有效提高材料的利用率和降低制造成本。

三、SVG 替代常规电容器、电抗器

考虑新型电力系统对无功调节灵活性的需求，建设高弹性低碳排放智能变电站，适应光伏、风电等新能源馈线上网，提高无功补偿和调压响应速度，抑制电压波动和闪变。城北 110kV 变电站装设 SVG 可以为系统提供动态无功支撑，抑制电压在不确定天气状态的暂态跌落，同时避免采用常规电容、电抗器时引起的频繁投切，有利于提高供电电压质量和运行的灵活性。

按照模块化建设理念，SVG 设备采用户外预制舱式布置，节省建筑面积和现场施工作业周期。自换相桥式电路 IGBT 阀组采用液冷（内冷）加空冷（外冷）方式。

四、智能照明

拟采用智能照明控制系统，智能照明控制系统控制中心设置在主控室，配置监控电

脑，监控电脑与智能照明控制系统设备通过 WiFi 局域网方式传输信号。在控制中心可对控制系统的所有照明灯具进行如下远程实时操控：

（1）自动遥控。按控制中心设定的开关灯作业程序，自动运行。

（2）手动遥控。在控制中心点击任一开关灯作业程序动作。

（3）控制终端上显示每个控制回路的开关状态及其他重要信息。

（4）可手持控制终端在全站范围内通过 WiFi 网络控制全站照明系统。

五、智能辅助控制系统

全站配置 1 套辅助设备智能监控系统，由综合应用服务器、智能巡视主机、各子系统前端设备及通信设备组成。子系统包含安全防卫子系统、动环子系统、智能锁控子系统、智能巡视子系统等，可实现安全警卫、动力环境的监视及控制、智能锁控、安全环境监视及设备智能巡视等功能。

一次设备在线监测系统可实现油温及油位监测、变压器油中溶解气体监测、铁芯夹件接地电流监测、避雷器泄漏电流监测、绝缘气体密度监测、开关设备触头测温等功能，配置前端监测设备。

六、近零能耗建筑

变电站可根据近零能耗建筑技术指标配置相关保温材料、配置空调、智能照明、导光管系统等，其他设备选用节能设备，以达到节能设计目的。

以"近零能耗"的要求来选用外墙板、屋面板和窗户，使其传热系数分别低于 0.4、0.35、2.2W/（$m^2 \cdot K$）。

为了节能考虑，可选用高强度、高模量且低导热的玻纤增强聚氨酯复合材料作为门窗型材。并且玻纤增强聚氨酯复合材料具有优异的形变恢复能力，只要在弯曲变形过程中玻璃纤维均在弹性限度范围内，当外力移除后材料即可恢复原形状。这一特性使得门窗即使经历极端天气发生大变形，只要门窗本身结构不发生破坏，则仍可保持原有的气密、水密性能。

七、总布置及装配式结构

总平面优化 U 型道路，取消消防水池。

钢框架结构可实现工厂化加工制作、现场施工组装方便快捷，全栓连接，0.00m 以上零湿作业。和传统钢筋混凝土框架结构相比可以最大限度地节约建设工期，在全寿命周期中缩减碳排放量，节约资源能耗、减少施工污染。

围墙和防火墙推荐采用装配式围墙体系，采用预制混凝土柱，墙板采用 ALC 板，隔声效果好，减少环境污染，施工方便，综合造价最低，可以在全寿命周期中缩减碳排放量，节约资源能耗。

电缆沟推荐采用装配式预制两片式混凝土电缆沟，耐久性好，安装方便快捷，接口处防水处理方便。电缆沟盖板推荐采用复合电缆沟盖板，造价适中，盖板质量轻，安装维护方便，经久耐用。

变电站内小型基础推荐采用预制混凝土基础，基础与设备的连接采用地脚螺栓连接。

八、基坑支护采用毛竹替代

以毛竹取代钢杆作为基坑围护材料，基坑支护成本可节省 30%～50%，并节约大量钢筋和水泥，有效降低碳排放达 60%～80%，具有取材科学合理、绿色环保、经济、安全、施工进度快等优点，有着广阔的应用前景。

工程实践和室外模拟试验数据表明：同等条件下普通毛竹支护比普通钢管支护抗拔力大 30%～50%；扎竹枝毛竹支护比普通毛竹支护抗拔力大 75%～150%；穗状钢管支护比普通钢管支护抗拔力大 50%～100%；扎竹枝毛竹支护比穗状钢管支护抗拔力大 50%～60%。扎竹枝毛竹支护在软土层中能形成类似"鱼刺"的仿生结构，能提供最大的锚固力，具有最大的发展应用潜力。

九、临设采用"预制舱式临建 + 螺旋锚基础"

针对传统临建布置场地大面积硬化，临建设施无法多次重复利用等问题，本项目采用"预制舱式临建 + 螺旋锚基础"的临建方案。方案应用基于挖掘机作业平台的螺旋锚安装技术完成螺旋锚施工，在其上部安装可调节的螺栓连接法兰附件并调整至水平位置，最后将"预制舱"式标准化集装箱临建用房吊装至底部与法兰面相连接。

十、光伏直驱空调

二次设备室、值班室、资料室设一套制冷量 25.2kW 的光伏直驱变频多联机系统；配电装置室设一套制冷量 90kW 光伏直驱变频多联机系统。空调系统采用光伏直驱技术，保证光伏能优先利用，当光伏输出能量满足机组需求之后仍有盈余时，系统可实时进行余电并网；当光伏发电量不足时，系统从电网取电作为补充。机组全年发、用电量持平，对电网综合用电为零，从而实现机组零电费。

第五节 海 绵 城 市 应 用

本工程为无人值班，用地面积不超过 2 万 m²，可不设置雨水回收利用设施，采用海绵城市的下凹绿地方式。主变压器场地采用透水性较好的广场砖铺砌，其余场地设置绿化，绿化率为24%。通过下凹绿地控制综合雨量径流系数至 0.54，总调蓄容积 $39T$ >理论计算所需总调蓄容积。

一、电缆沟定点消防灭火系统

在电缆层、电缆竖井和电缆隧道设置悬挂式超细干粉、气溶胶或火探管式灭火装置。本工程考虑对电缆沟内设置定点消防灭火系统。

二、光伏应用

1. 常规混凝土屋顶光伏方案

拟在 110kV 变电站站区内混凝土屋顶上装设光伏板，混凝土屋面光伏支架基础采用配重式混凝土压块。根据组件布置形式的不同，支架形式及基础大小相应调整。安装倾角为 5°。

2. 车棚光伏

可利用汽车车棚顶面铺设光伏组件，以达到既充分利用阳光、节约用地，同时在一定程度上增加汽车车棚美观度的目的。汽车车棚主体结构为轻钢结构，根据车位的布置，支架分为单立柱悬挑结构和双悬挑结构，每一支架横梁悬挑长度不宜过长，使整体结构受力合理，结构轻巧，经济。车棚顶横梁倾角为 5°，檩条通过连接件固定在横梁上方，檩条应考虑光伏组件荷载，檩条上部铺设光伏组件，根据光伏组件采用压块与檩条连接，形成可靠的稳定结构体系。

3. 光伏幕墙

光伏幕墙是一种集发电、隔音、隔热、装饰等功能于一体，把光电技术与幕墙技术相结合的新型功能性幕墙，代表着幕墙技术发展的新方向。

光伏幕墙与建筑物同时设计、施工和安装，供应电力的同时，也营造了建筑的现代美感和科技感。拟在 110kV 配电站内建筑物南立面上装设光伏组件，墙面预埋预埋件，通过钢支架延伸，将光伏组件嵌入支架内，形成光伏幕墙，在提升建筑物外观的前提下兼具发电功能。

4. 光伏围墙

拟在 110kV 站区围墙上建设一排光伏组件。

三、导光管的应用

导光管采光系统的基本采光原理是，通过采光罩高效采集室外自然光线并导入系统内重新分配，再经过特殊制作的导光管传输后由底部的漫射装置把自然光均匀高效地照射到任何需要光线的地方。

方案拟在配电装置室屋顶设置导光管系统，并对窗墙比和窗户形式进行优化设计，提升照度至满足要求。变电站主建筑内各功能房间白日仅使用天然采光，光环境就能满足《建筑照明设计标准》（GB 50034—2013）和《发电厂和变电站照明设计技术规定》（DL/T 5390—2014）的相关要求。

四、站用电微电网系统

整合变电站、光伏、充电站多类型交直流负荷需求，综合考虑实际供电需求、复杂程度及设备成熟程度，构建"混合微电网"，实现"源网荷储"整合。

网采用单极双层结构。构建750V直流主网架和220V次级直流网架。匹配负荷需求选择直流750V主电压，提高直流微电网的负荷承载水平，兼顾成熟通用直流设备选型降低直流设备制造难度和成本；利用直流220V（240V）电压等级整合变电站站用直流电源需求，实现直流系统"一体构建、一体管控"。本工程配置光伏、充电桩、储能、直流空调等直流负荷。

（1）建设阶段。新建城北110kV变电站工程的碳排放量为1784.29t CO_2e，新建城北110kV变电站建设阶段碳排放量可减少6446.52t CO_2e。

（2）在运营阶段，新建城北110kV变电站总排放量为17573.83t CO_2e，光伏系统减排量和绿化减排量为2704.58t CO_2e，新建城北110kV变电站在实施减碳措施后净碳排放量为14869.25t CO_2e，新建城北110kV变电站可减少碳排放22643.70t CO_2e。

（3）全生命周期内，城北110kV变电站在实施减碳措施后碳排放量为16653.54t CO_2e，可减少碳排放29090.22t CO_2e。

五、小结

新建城北110kV变电站扣除减排措施抵消排放量后，全生命周期排放量为16653.54 tCO_2e，需外部接入光伏发电量28663.580MW·h，每年接入外部光伏发电量955.453MW·h，从项目可研可知，每年站外可接入光伏电量2844.086MW·h，可见每年接入量远大于变电站需求量，由此可知该变电站可实现零碳。

第四章　基于全生命周期低碳的变电站优化更新设计案例

本章以典型的 110kV 户外变电站的低碳化更新改造设计为例，采用第三章所建立的基于全生命周期低碳的变电站优化设计模型，对变电站建筑围护结构节能改造、可再生能源利用以及绿地碳汇进行综合优化。并选择北方寒冷地区、中部夏热冬冷地区以及南方夏热冬暖地区 3 个气候场景进行计算，获得该模型在不同气候场景下不同增量成本约束的建筑—可再生能源系统优化配置方案。

第一节　变电站优化流程

基于生命周期低碳的变电站建筑—可再生能源系统配置优化流程如图 4-1 所示。

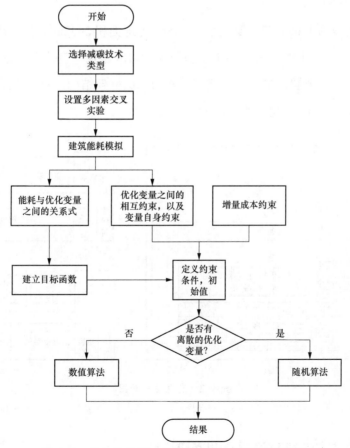

图 4-1　变电站建筑—可再生能源系统配置优化流程

流程主要分为以下 3 个步骤。

（1）基于市场调研选择可用于变电站的减碳技术，设置对应的优化变量并设计多因素交叉实验，通过能耗模拟和数学计算获得碳排放与优化变量的相关性，以及优化变量之间的相互制约关系。

（2）根据上一步得到的碳排放和变量之间的关系式来定义目标函数。同时，根据上一步得到的变量之间的相互制约关系和根据市场调研得到的碳减排技术的边界，设定优化模型的约束条件和初始值。

（3）根据优化变量是否可导，选择对应的求解算法进行求解。所得到的模型计算结果即在成本约束下的变电站全生命周期碳排放最小化的建筑—可再生能源系统优化配置方案。

第二节　变电站概况

一、变电站平面布置

本案例为典型的 110kV 户外变电站。站区总占地面积 2632m²，其中站区操作地坪和操作小道面积 200m²，屋顶总平面面积为 549m²。站区建筑物包括生产综合楼和保安室，其中生产综合楼用于放置配电设备，建筑结构为二层框架结构，总建筑面积 1015m²，一层高 5m，二层高 4.8m。变电站平面图如图 4-2 所示。

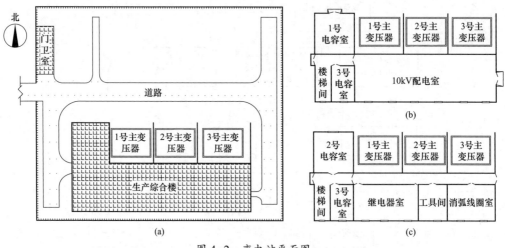

图 4-2　变电站平面图

（a）站区总平面图；（b）生产综合楼一层平面图；（c）生产综合楼二层平面图

二、建筑围护结构信息及采暖空调通风设置

变电站建筑围护结构的热工性能参数见表 4-1。各个房间的设备和热环境控制系统

参数设定要求见表4-2。仅继电器室采用分体式空调精准控温湿度，其他房间采用机械通风辅助自然通风的方式。

表4-1 围护结构的热工性能参数

类型	面层	厚度/mm	密度/(kg/m³)	传热系数/[W/(m·K)]	比热容/[kJ/(kg·K)]
外墙	水泥砂浆	20	1800	0.93	1.05
	空心砖	240	1230	0.46	1.05
	水泥砂浆	20	1800	0.93	1.05
屋顶	水泥砂浆	20	1800	0.93	0.84
	现浇钢筋混凝土梁板	100	2500	1.74	0.92
	改性防水卷材	3	98000	0.23	——
	水泥砂浆	20	1800	0.93	1.05
窗户	单层玻璃铝合金窗	3	2500	0.62	0.84

表4-2 设备和热环境控制系统参数设定要求

房间类型	设备密度/(W/m²)	换气次数/(次/h)	夏季室内温湿度要求	冬季室内温湿度要求
10kV配电室	100	≥6	≤35℃；40%~70%	≥5℃；40%~70%
继电器室	80	≥2	≤26℃；40%~70%	≥15℃；40%~70%
电容室	80	≥6	≤35℃；40%~70%	≥5℃；40%~70%
消弧线圈室	80	≥6	≤35℃；40%~70%	≥5℃；40%~70%
工具间	10	≥2	≤35℃；40%~70%	≥5℃；40%~70%

三、气候参数设置

建筑围护结构节能以及可再生能源利用的减碳能力受到气候的影响，在中国南北方差异很大。不同气候条件下低碳变电站的设计方法不同，选用3个不同气候区进行计算，其气候特征见表4-3。

表4-3 不同气候区的气候特征

气候区	气候特征	城市
北方寒冷地区	冬季供暖需求大，夏季降温需求小	哈尔滨
中部夏热冬冷地区	冬季供暖需求中等，夏季降温需求中等	上海
南方夏热冬暖地区	冬季供暖需求较少，夏季降温需求巨大	海口

第三节　变电站优化模型参数设置

一、优化变量设置

本案例拟采用建筑外围护保温技术，光伏发电技术对变电站进行低碳化更新改造，设置对应的优化变量见表4-4。为了获得变电站建筑减碳技术参数设置与碳排放量之间的定量关系，本文在 Rhino 和 Grasshopper 模型中建立了变电站模型，设置不同厚度的屋顶和外墙保温层，不同传热系数的外窗，模拟计算不同建筑围护结构下变电站运行阶段的碳排放量，同时计算不同气候场景下光伏铺装比例与光伏发电量的定量关系。碳减排技术优化变量设置见表4-4。

表 4-4　　　　　　　　　　碳减排技术优化变量设置

变量名称及字母表示	单位	范围
城市		哈尔滨 / 上海 / 海口
外墙保温材料厚度 tw	mm	[0, 200]
屋顶保温材料厚度 tr	mm	[0, 200]
窗户传热系数 wk	W/($m^2 \cdot$ K)	[2, 6]
光伏铺装比例 p	%	[0, 100]

二、目标函数

在 Rhino 和 Grasshopper 模型中建立了变电站模型，设置不同厚度的屋顶和外墙保温层，不同传热系数的外窗，模拟计算不同建筑围护结构下变电站运行阶段的碳排放量。通过数据拟合获得变电站建筑减碳技术参数设置与碳排放之间的关系式。同时，计算不同气候场景下光伏铺装比例与光伏发电量的关系式。变电站建筑减碳技术参数设置与运行阶段、建设阶段的碳减排量分别见表4-5、表4-6。

表 4-5　　　　　　变电站建筑减碳技术参数设置与运行阶段碳减排量

城市	哈尔滨	上海	海口
外墙保温材料厚度	$E_{ma\text{-}wall,哈尔滨}$ $=-5.83tw^2+1912.9tw-85522$	$E_{ma\text{-}wall,上海}$ $=0.02tw^2-20.65tw-1057.7$	$E_{ma\text{-}wall,海口}$ $=0.024tw^2+9.61tw-364.23$
屋顶保温材料厚度	$E_{ma\text{-}roof,哈尔滨}$ $=-4.38tr^2+1623tr-79671$	$E_{ma\text{-}roof,上海}$ $=-0.17tr^2+70.22tr-2913.6$	$E_{ma\text{-}roof,海口}$ $=0.22tr^2-90.589tr+3778.1$
窗户传热系数	$E_{ma\text{-}window,哈尔滨}$ $=1727wk^2-39164wk+176070$	$E_{ma\text{-}window,上海}$ $=-909.6wk^2+7323.1wk-10564$	$E_{ma\text{-}window,海口}$ $=256.1wk^2-3348.3wk+10933$

续表

城市	哈尔滨	上海	海口
光伏铺装比例	$E_{\text{ma-PV,哈尔滨}} = 1248.5p + 7.64$	$E_{\text{ma-PV,上海}} = 1212p + 7.64$	$E_{\text{ma-PV,海口}} = 1341.7p + 7.64$

表 4-6　　　　　　　　　变电站建筑减碳技术参数设置与建设阶段碳排量

参数	建设阶段增加的碳排放量
外墙保温材料厚度	$E_{\text{co-wall}} = 9.38tw - 469.02$
屋顶保温材料厚度	$E_{\text{co-roof}} = 8.58tr - 428.92$
窗户传热系数	$E_{\text{co-window1}} = 256.09wk^2 - 3348.3 + 10933$
光伏铺装比例	$E_{\text{co-PV}} = 112.35p$

以变电站全生命周期碳排放最低为优化目标，即运行阶段减少的碳排量与建设阶段增加的碳排量之差最大，假定该变电站全寿命周期为 30 年，建立目标函数为：

$$\min E = -\sum_{i}^{4}(E_{\text{ma}-i} \times 30 - E_{\text{co}-i})\tag{4-1}$$

三、约束条件

本案例选择的减碳技术的优化变量存在边界，如式（4-2）～式（4-5），即

$$0 \leqslant tw \leqslant 200\tag{4-2}$$

$$0 \leqslant tr \leqslant 200\tag{4-3}$$

$$2 \leqslant wk \leqslant 6\tag{4-4}$$

$$0 \leqslant p \leqslant 100\%\tag{4-5}$$

增量成本为各项减碳技术使用过程中设备购买、安装、维护和拆除的费用，增量成本约束为

$$\sum_{i=1}^{4}C_k \leqslant C\tag{4-6}$$

式中　C_k——第 k 项技术的成本，元；

　　　C——变电站的增量投资成本约束，元。

四、模型求解

最优化模型包括线性优化模型、非线性优化模型、混合整数线性／非线性优化模型、多目标优化模型等多种类型，根据模型特征选择可对应的高效准确的求解算法，如梯度下降法、牛顿法、遗传算法等。

本文所建立的最优化模型，以变电站全生命周期碳排放总量最低为目标，属于单目标非线性最优化模型，约束条件包含线性及非线性、等式及不等式，因此使用 MATLAB 软件，借助 fmincon 函数进行模型求解。

第四节 基于全生命周期低碳的变电站建筑——可再生能源系统优化配置方案

一、无增量成本约束的优化配置方案

根据优化模型，首先设定无增量成本约束，通过模型计算获得不同气候场景下，变电站建筑围护结构–可再生能源系统协调优化配置方案，见表 4-7。

表 4-7   无增量成本约束下变电站碳减排技术配置方案

地区	建筑围护结构–可再生能源系统协调优化配置方案				全生命周期减碳量 /kg
	屋顶保温层厚度 / mm	外墙保温层厚度 / mm	外窗传热系数 / [W/(m² · K)]	光伏铺装比例	
上海	196	0	4.64	100%	144111
黑龙江	177	160	2	100%	180350
海口	0	0	2	100%	158564

二、不同增量成本约束的优化配置方案

设置不同的增量成本约束下，建筑围护结构减碳技术以及可再生能源利用技术应用的先后顺序，采用优化模型，计算增量成本从 10 万增加到 100 万时，使变电站碳排放量最小化的建筑围护结构–可再生能源系统协调配置方案，如图 4-3 所示。

可以看出，不同气候场景下最小化变电站碳排的建筑围护结构–可再生能源利用系统的配置差异较大。在实际的工程应用中应考虑各减碳技术的在该地区的适用性，在不同增量成本的约束下，考虑各个减碳技术减碳效果的差异，优先选择适用于该场景的减碳技术，通过优化模型计算，合理配置建筑围护结构–可再生能源系统各参数。

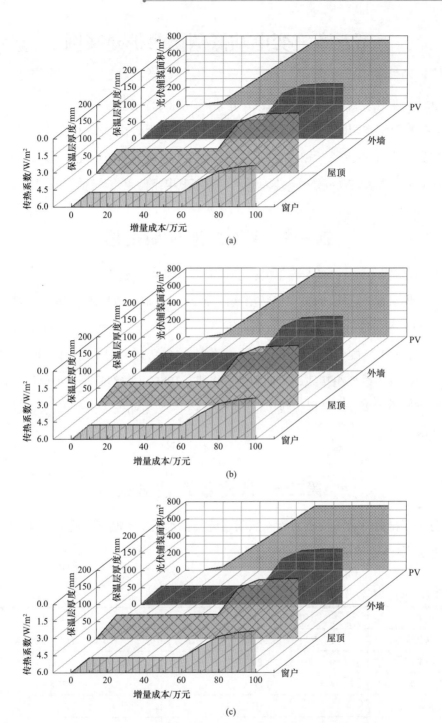

图 4-3　不同增量成本约束下变电站减碳技术协调配置方案

（a）哈尔滨；（b）上海；（c）海口

第五章　变电站低碳化改扩建案例

本章针对变电站低碳化改扩建案例，介绍了站用交直流微电网、光伏系统、共享蓄电池组、光伏直驱型空调以及碳监测平台等技术在变电站低碳化改造时的应用，其中重点介绍了站用交直流微网系统。另外介绍了对变电站变电系统、照明系统、空调系统及光伏系统的改造方案及其减碳效益分析。本章案例为既有变电站低碳化改造提供技术指导。

第一节　变电站近远期规划

本案例已建设 2×50MVA 容量的主变压器，远期拟扩建至 3×50MVA；110kV 出线已建 2 回，未来拟扩建至 3 回；10kV 出线已建 24 回，未来拟扩建至 36 回；系统的无功补偿每台变压器按 SVG 容量为 8000kvar 配置。主变压器、SVG、接地变压器、隔直装置户外布置，110kV 配电装置采用户内 GIS 布置，10kV 开关柜采用户内布置。110kV 主接线远景为内桥+线变组接线，本期为内桥接线；10kV 主接线远景采用单母线四分段接线，本期接线采用单母线分段接线（II、III段短接）。变电站按无人值班、有人值守考虑，按智能变电站建设。

第二节　碳排放评估分析

运行年碳排放总量 = 变电系统 + 照明系统 + 排水系统 + 暖通系统 − 光伏系统碳减排量（内部），具体数值见表 5−1。

表 5-1　　　　　　　　　　　　运 行 年 碳 排 放 量

种类	年耗电量/(kW·h)	年碳排放量/t
变电系统	1929600	1126.69（其中变压器 599.56）
照明系统	29200	17.81
暖通系统	291550	177.87
排水系统	—	—
绝缘气体 SF_6	—	96.80
变压器油	—	1.23
光伏系统	—	—
外部接入光伏	—	—
碳排放总量		1420.4

注　电力碳排放因子为 $0.5839 kgCO_2e/(kW·h)$。

根据核算结果，变电站扩建前运行年碳排放量为 1420.4t。由数据可以看出，扩建之前变电站的碳排放量较大，不满足低碳标准，需要引入减碳技术来降低整体的碳排放水平。

第三节　适 用 低 碳 技 术

目前零碳技术主要有站用交直流微电网、光伏系统、共享蓄电池组、光伏直驱型空调以及碳监测平台。零碳技术新型电力系统如图 5-1 所示。

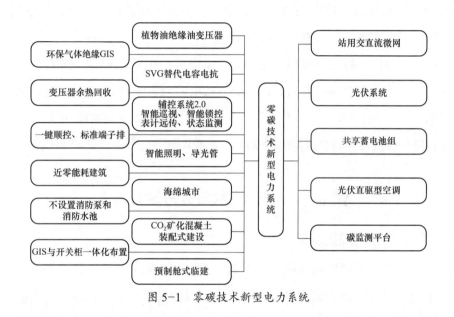

图 5-1　零碳技术新型电力系统

本变电站扩建计划中采取光伏直驱型空调以及站用交直流微电网系统两种低碳技术。

一、光伏直驱型空调技术

光伏直驱型空调技术把光伏发电技术与高效直流变频制冷设备相结合，将光伏直流电直接接入机载换流器直流母排，形成了光伏电直驱空调的运行模式，以新能源电力替代常规化石能源电力，减少二氧化碳排放。通过光伏微电网及暖通控制发用电一体化管理系统，实现了对光伏发电系统以及空调暖通系统的一体化智能管理，达到最优化运营目标，同时可监控系统的自发自用匹配度及光伏能直驱利用率。该系统直接利用光伏板所发电能直接驱动空调，省去并网/取电、稳压、换流等环节，节省电能转换设备，电能利用率可达 99.04%，比普通光伏发电上网再利用效率提高 5%～8%。并且，在发电多于用电或空调不工作时，多余光伏电回馈电网，系统相当于一个小型的光伏电站，可实现光伏电利用的最大化。机组根据光伏发电和负荷需求变化情况，能实时切换纯光伏发电工作模式、纯空调工作模式、光伏发电及系统发电工作模式、光伏发电及系统用电工作模式、光伏空调工作模式 5 种不同的发用电工作模式，动态切换时间小于 10ms，可实现与电网无缝衔接并保障机组稳定运行。

二、交直流微电网系统

交直流混合微电网是指由分布式电源（Distributed Generation，DG）、储能装置、能量变换装置、相关负荷和监控、保护装置汇集而成的小型发配电系统，是一个能够实现自我控制、保护和管理的自治系统。其中根据分布式电源的不同，既包括直流母线，也包括交流母线。通过微电网内分布式电源输出功率的协调控制，可保证微电网稳定运行；微电网能量管理系统可以有效地维持能量在微电网内的优化分配与平衡，保证微电网经济运行。微电网一般具有能源利用率高、供能可靠性高、污染物排放少、运行经济性好等优点。交直流混合微电网因其兼备交流微电网与直流微电网的优势，能更好促进 DG 的消纳，同时可以提高经济效益，是微电网发展的趋势。交直流混合微电网的典型结构包括各自独立连接运行的直流微电网系统和交流微电网系统以及双向变流器。

第四节　低碳技术集成方案分析

一、站用交直流微电网系统

随着电力需求的不断增长，集中式大电网（公共电网）在过去数十年里迅速发展，成为主要的电力供应。由于集中供电较为脆弱，故障易导致大规模的停电事故；同时，由于近年来分布式发电系统（如风能发电系统、太阳能发电系统）的大规模发展，因此将分布式发电系统接入微电网系统已经成为未来的主要电力网络发展趋势。

本项目拟搭建光储充一体化交直流混网系统微电网，通过 AC/DC 双向变流器连接直流母线与交流母线。直流母线采用 DC 750V 电压等级，接入储能电池、直流快充充电桩以及屋顶光伏。直流侧屋顶光伏发电主要满足充电桩、光伏直驱空调、智慧灯等用电需求，多余电能存储到储能电池系统，在充电桩用电量较少时亦可通过 AC/DC 双向变流器输出为交流提供变电站负荷使用。在充电桩用量较大时主要由光伏 + 储能出力满足用电需求，缺额部分由站变经 AC/DC 双向变流器转换直流补充。储能可用于光伏消纳，站内直流系统的应急电源，起到平抑峰谷负荷波动的功能。

对交直流电压进行分析，选择以 AC 380V 作为站用电主供电源，以光伏、储能为主要电源的 DC 750V 微电网作为数据中心的备用电源，交直流微电网可提供站内直流负荷的备用电源。

站用交直流微电网系统由变电站用电、光伏发电、直流空调、共享蓄电池组、充电桩（预留）等组成。

相比较交流配电系统，直流配系统具有供电容量更大、半径长、运行效率高、电能质量问题不突出，不存在无功补偿问题。为最大限度地避免光伏等新能源对交流站用电的影响，微电网通过低压柔性接口与 AC 380V 的连接，本项目要求微电网产品满足国内电能质量相关标准要求，并提供产品电能质量相关检测报告；同时请有资质的相关单位开展微电网系统的电能质量评估和论证。同时，建议对微电网与交流母线联络处增配电能质量监测装置。

1. 概述

整合站内直流负荷和传统交流负荷，寻求分布式能源最优化途径消纳方案，实现交直流负荷统筹就地平衡消纳，同时保证系统的供电可靠性。

充分利用 PCS 双向变流器，通过交直流微电网，形成交直互备模式。

在合理范围内发挥储能作用，高峰时，由储能单元支撑直流负荷，剩余电量流入电网；低谷时，由站用电支撑全站负荷，同时为储能单元充电。

考虑储能单元为微电网供备用电源支撑，提高微电网供电可靠性，为数据中心提供优质、稳定、高效的供电服务。

本交直流微电网中交直流电压等级的确定综合考虑各电源及负荷。

直流电压等级参照《中低压直流配电电压导则》（GB/T 35727—2017），低压直流配电系统的标称电压优选值为 1500、750、220V。在选择直流配电电压等级时，综合考虑多方面因素，不选择过高的电压等级，增加电气绝缘成本和降低兼容性。同时，选择的电压等级不宜过低，防止配电距离过短。

《电动汽车传导充电用连接装置 第 3 部分：直流充电接口》（GB/T 20234.3—2015）规定了电动汽车传到充电用直流充电接口的通用要求、功能点意、型式结构、参数和尺寸，直流充电接口额定电压不超过 1000V（DC），额定电流不超过 250A。直流充电接口的额定电压为 750/1000V。

综上考虑，储能电池及光伏可采用 750V（DC）电压等级作为输入电压，保证经济性和适用性。

直流微电网中，直流接线形式分单极接线和双极接线两种。

双极直流系统含正极、负极和零极 3 条母线，采用对称结构，电源和负荷一般分别平均分布在正极或负极母线上。一般情况下，正负极分别与零极母线构成回路独立运行，供电可靠性相对较高，但对直流系统的控制和保护策略要求较高，相关设备价格较高，适用于高电压、大功率、大容量，特别是需要长距离输送功率的多电压等级应用场景。

单极直流系统含正极、零极 2 条母线，拓扑结构与控制策略均较为简单，适用于规模容量相对较小，负荷相对集中的场景。

根据负荷分析，直流电压为 750V 电压，电压等级需求简单，容量较小，单极直流母线结构可满足应用需求，因此推荐采用单极直流母线接线形式。

变电站智能微电网为变电站站用电源之一，有光时候可以用光伏发电电源，发电大于负荷时，给储能充电，储能充满后，可用于空调供电；无光时可优先用储能给负荷供电，储能枯竭后用站用电源。

整合变电站、光伏、充电站多类型交直流负荷需求，取消变电站直流蓄电池，构建"站用电微电网"，实现"源网荷储"整合。站用电微电网采用单极双层结构。构建 750V 直流主网架和 220V 次级直流网架。匹配负荷需求选择直流 750V 主电压，提高直流微电网的负荷承载水平，兼顾成熟通用直流设备选型降低直流设备制造难度和成本；利用直流 220V（240V）电压等级整合变电站站用直流电源需求，实现直流系统"一体构建、一体管控"。

2. 一次接线

变电站智能微电网独立于变电站生产系统，作为变电站非生产用能电源，有光时候可以用光伏发电电源，发电大于负荷时，给储能充电，储能充满后，可用于空调供电；无光时可优先用储能给负荷供电，储能枯竭后用站用电源。

系统一次拓扑主要由两个 AC 380V 交流电源点加装低压交直流柔性接口设备（200kW）构建两段 750V 直流母线，两段直流母线通过联络断路器连接，每段直流母线上挂接分布式光伏、储能、直流充电桩、直流空调，直流负荷分布在两段直流母线上，保障了直流负荷的供电可靠性。直流侧光伏接入容量为每段母线 100kWp，铅碳电池储能接入容量为每段母线 50kW/2h，每段直流母线接入直流智慧路灯、直流空调，对站内的控保电源采用两路 DC220V 供电电源、采用双电源切换的方式保障站内控保直流设备的供电可靠性，同时预留直流充电桩接口。"微电网"拓扑如图 5-2 所示。

3. 通信及控制架构

交直流微电网控制系统采用分层分布式结构，即控制系统采用 3 层架构方式、监控设备采用分布式布置方式，各层主要功能如图 5-3 所示。

由图可见，交直流微电网综合监控系统分为微电网能量管理系统、运行控制器及就地控制器各层功能如下。

（1）微电网能量管理系统（平台层）。微电网综合控制主站系统的基础功能是监控

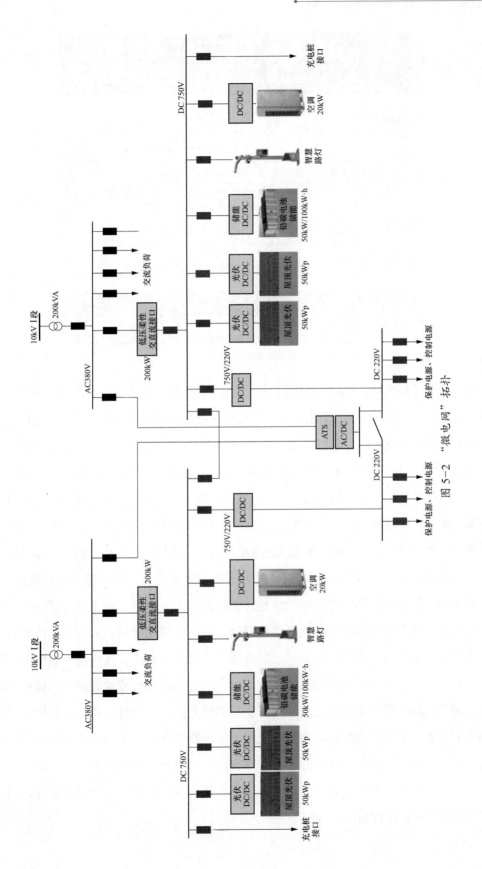

图 5-2 "微电网" 拓扑

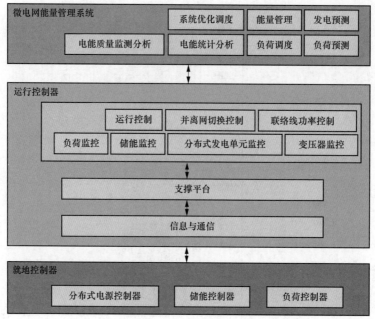

图 5-3 交直流微电网控制系统各层主要功能

微电网的实时运行数据，同时，微电网综合监控主站系统还可实现分布式发电预测、负荷预测、电能质量分析、电能统计分析、无功优化等高级应用功能。微电网综合监控主站系统根据实时运行数据，结合分布式发电预测、负荷预测等应用分析结果，制定多约束条件下的微电网系统优化调度与能量管理策略，并将制定后的策略下发微电网运行控制器。

（2）运行控制器。主要负责接收、翻译并执行平台主站下达的控制策略，完成对主交直流微电网的运行控制任务，主要功能包括：交直流微电网常规运行控制、联络线功率控制，交直流微电网并离网切换、分布式发电单元监控、台区负载均衡、交直流转供等。

（3）就地控制器。就地协调控制装置可实现与中央交直流协调控制装置快速通信，实现中央交直流协调控制装置下达给就地协调控制装置的指令，在中央交直流协调控制装置故障或者通信失联情况下，就地协调控制装置可实现就地侧的光储充协调控制，保证系统正常稳定运行。本项目新建的 2 段直流母线与 2 段交流母线构建了手拉手互联的低压交直流系统，就地运行控制器接入直流母线下的低压交直流柔性接口，获取分布式光伏、储能、断路器、交直流联络断路器状态的相关信息，同时将相关信息接入到中央协调控制装置，中央协调控制器将直流配网的全景数据接入到本地的能量管理系统（平台），接收平台发送的相关控制目标，并下发至每个单独的就地协调控制装置中进行快速的交互执行，在特殊故障情况下，中央交直流协调控制还需协调多个交直流台区的互供互济。通信及控制架构如图 5-4 所示。

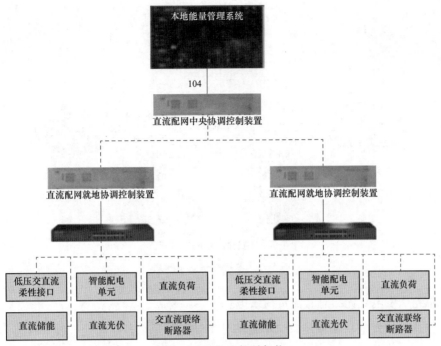

图 5-4　通信及控制架构

4. 直流负荷对直流母线的影响

本项目的直流负荷主要是两段直流母线下的直流空调，主要是 400/450 两款机组，输入功率均为 18kW。目前直流空调都具备软启动功能，启动时会限制启动电流的突升，光伏直驱机组启动时电流为平缓加载，最大电流不会超过根据输入功率得出的计算值。输入功率/光伏板 MPP 电压，机组 MPPT 电压跟踪为 560～780V，对应 400/450 两款机组，最大时为 18kW/560V＝32.14A。若两台空调机组同时启动，最大电流为 65A 左右，该电流值在额定功率 200kW 的低压交直流柔性接口对应的额定电流 266A 以内，因此两台空调机组启动时不会对直流母线电压产生影响。

另外本项目中后期接入的充电桩、直流路灯功率都不大，且都具备软启动功能，其启动时的电流都会限制在一个比较小的范围内，不会对直流母线电压产生影响。

5. 运行控制策略

各直流配电台区与外界交互功率不全为零，进行直流台区间源荷转供。具体表现为：光伏 MPPT 正常工作，实现监测台区总直流负荷与总直流光伏实时功率，计算总储能出力。若多台区直流光储荷仍无法均衡，低压柔性交直流接口装置补足直流台区缺额功率。

（1）源荷转供基本原则如图 5-5 所示，具体如下。

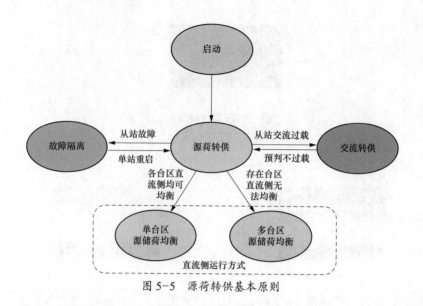

图 5-5 源荷转供基本原则

1）总光伏发电优先给总直流负荷供电。

2）当总光伏发电功率不足时，不足部分由储能补足。若储能处于放空状态，则由低压柔性交直流接口装置补足缺额功率。

3）当光伏发电功率超出时，多余部分给储能充电。若储能充满，则由低压柔性交直流接口装置向交流侧上送功率。

4）根据各储能荷电状态（state of charge，SoC）和标称能量大小，得到各储能当前可充（或可放）能量大小，按比例对各台区储能充（或放）电功率进行分配。

5）当直流侧功率缺额需由交流侧补足时，根据交流配电变压器可用容量大小（配电变压器额定容量—交流负荷），按比例对各低压柔性交直流接口装置运行功率进行分配。

6）当直流侧功率超出需向交流侧上送时，根据交流配电变压器负载率大小（配电变压器总负荷/配电变压器额定容量），按比例对低压柔性交直流接口装置运行功率进行分配。

（2）源荷转供具体运行策略如下。

1）运行方式1：区域关口定功率控制（定值0为自平衡）。与主网交互功率中位值为设定值（可整定）。具体表现为：实现监测总交流负荷与交流侧光伏实时功率，并计算与电网交互功率为设定值时的储能出力，基本原则为光伏发电优先给交流总负荷供电。

a. 当交换功率大于设定值时，储能放电。若储能功率不足或 SoC 达到下限，则无法保证功率在设定值范围。

b. 当交换功率小于设定值时，储能充电。若储能功率不足或 SoC 达到上限，则光伏逆变器限功率，以满足区域关口定功率的控制目标。

2）运行方式2：经济运行。根据直流负载的容量及转供互济需求自适应匹配柔性互联设备运行的数量，保证柔性互联系统整体运行的经济性。

3）运行方式3：重载转供。根据互联台区运行的实时负载曲线，当台区出现重载情况时，及时利用相邻台区进行转供互济，有效避免重载台区设备运行的风险，提升配电变压器运行安全性。

4）运行方式4：负载均衡。根据互联台区运行的实时负载曲线，当出现多台区负载不均衡且差距较大时，及时进行互联台区功率互济，实现台区负载均衡，提升配电变压器设备利用效率。

5）运行方式5：重要负荷保供电。在任一台区失电情况下，该台区的柔性直流端口退出运行，由另一端口为整站负荷供电，在更极端的情况下，即两端交流电源点都失电的情况下，由铅碳电池储能DC/DC稳定直流母线电压，同时切除不重要负荷（充电桩、路灯、空调等），正常态运行时，保障单套铅碳电池储能系统为满电状态（100kW·h），另外一套铅碳电池在安全SoC范围（30%～80%）之间运行，以便在突发故障情况下，能够对重要负荷持续供电。在光伏不出力的情况下，考虑到极端情况，即单套储能30%SoC，另一套储能100%SoC，整体可用容量为80kW·h，可以实现重要负荷（直流测保装置15kW）80/15≈5.3h可靠供电。重要负荷保供电运行策略如图5-6所示。

6. 建设成效

站用交直流微电网系统布置尺寸如图5-7所示。

站用交直流微电网系统方案设备清单见表5-2。

站用交直流微电网系统建设成效如下。

（1）促进多站融合共享，实现资源优化配置。充分考虑站址资源、配电资源和通信等资源共享共用，通过将变电站、充电站、储能站及光伏站进行深度融合，降低建设成本和运维成本，实现资源优化配置；通过电网与用户的深度合作，开展5G基站、充电和换电等对外服务，实现业务协调共济、互惠互补，降低用能成本，提高电网综合经济效益。

（2）提高全站用电系统供电可靠性，提升安全运行水平。通过构建多站融合直流供电网，采用故障及异常情况下多站融合的无缝切换控制技术，实现10kV电源、光伏系统、储能电池三种供电方式的优化控制，确保直流微电网系统在并网、离网模式下的安全高效运行，满足敏感负荷的高可靠供电需求。同时，将直流微电网与站用电直流电源系统相连，通过管理监测系统智能研判，取消直流蓄电池系统，采用多级后备电源的直流联络及自动切换系统，延长故障及异常情况下变电站内重要设备运行时间，进一步提升全站安全运行水平。

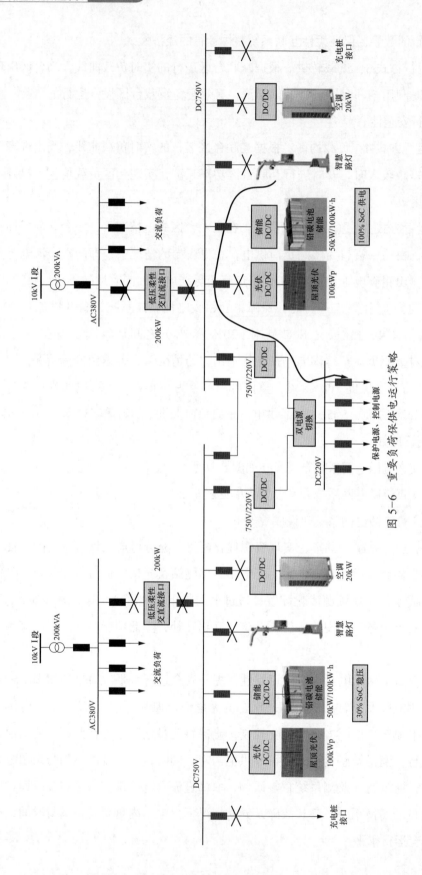

图 5-6　重要负荷保供电运行策略

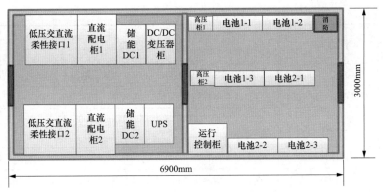

图 5-7　站用交直流微电网系统布置尺寸

表 5-2　　　　　　　　站用交直流微电网系统方案设备清单

序号	位置名称	设备名称	设备规格	数量	单位
1	端口 1	低压交直流柔性接口装置	200kW，含隔离变压器和柔性装置（输出 DC 750V），支持恒直流电压、功率调度等模式	1	台
2		智能直流配电单元	直流配电单元，正负 375V，1 进 7 出；含 8 个多功能直流表，带电动操动机构、速断熔丝、绝缘监测	1	台
3		储能 DC/DC	50kW，电池侧 DC 450V～DC 950V，正反向无缝切换，高动态响应，支持稳直流电压、功率调度等运行模式	1	台
4		铅碳电池储能系统	100.8kW·h，12V200Ah，42 节，铅碳电池，一线品牌，含电池架、BMS、线缆等辅材	1	套
5		直流智慧路灯	直流供电，含电压转换模块、小型风机、摄像头、环境监控、Wi-Fi、一键报警、网络音箱等	1	套
6		DC/DC 变压器	20kW，DC 750V 转 DC 220V	1	台
7		光伏 DC/DC	50kW，6 路 MPPT；光伏组件侧电压 300～850V；最大支路电流 10A，自供电	2	台
8		光伏防孤岛柜	4 进 4 出，接入光伏 50kWp 共 4 组，出线带电动操动机构；防孤岛保护一次回路为进出线端子＋断路器＋接触器；二次控制逻辑回路可实现 4 路直流侧光伏防孤岛及孤岛信号的外送	1	台
9	端口 2	低压交直流柔性接口装置	200kW，真双极柔性装置（输出正负 375V 直流），带隔离变压器，支持恒直流电压、功率调度等模式	1	台
10		智能直流配电单元	直流配电单元，正负 375V，1 进 7 出；含 8 个多功能直流表，带电动操动机构、速断熔丝、绝缘监测	1	台
11		储能 DC/DC	50kW，电池侧 DC 450V～DC 950V，正反向无缝切换，高动态响应，支持稳直流电压、功率调度等运行模式	1	台
12		铅碳电池储能系统	100.8kWh，12V200Ah，42 节，铅碳电池，一线品牌，含电池架、BMS、线缆等辅材	1	套
13		直流智慧路灯	直流供电，含电压转换模块、小型风机、摄像头、环境监控、Wi-Fi、一键报警、网络音箱等	1	套

序号	位置名称	设备名称	设备规格	数量	单位
14	端口 2	DC/DC 变压器	20kW，DC 750V 转 DC 220V，含输入输出开关	1	台
15		双电源直流配电箱	含直流双电源切换、DC 220V/40A，10 路馈出	1	台
16		光伏 DC/DC	50kW，6 路 MPPT，光伏组件侧电压 300～850V，最大支路电流 10A，自供电	2	台
17	协控系统	直流环网控制屏柜	屏柜本体，TG6	1	台
18		直流配网就地协调控制器	直流配网就地协调控制器，支持多规约接入，直流配网的运行控制、策略定制	2	台
19		直流配网中央协调控制器	协调就地控制器进行多端直流的整体策略的控制	1	台
20		交换机	24 电口，2 光口	2	台
21		UPS 柜	6kVA×1h，含柜体	1	台
22		KVM	4 接口	2	台
23		直流配网运行策略定制	直流环网运行策略定制（直流转供、经济运行、光储充协同、并网点定功率、交流转供）等策略	1	台
24	预制舱	预制舱	定制尺寸，含照明、配电、消防系统	1	台

（3）实现基于多站融合的源网荷储协调互动，提升全站综合能效。搭建统一、合理、高效的多站融合一体化直流供电系统，减少交直流变换环节，优化直流供电系统运行控制技术，提高供电效率、电能质量和控制灵活性。充分利用多站在不同应用场景下的运行互补特性，搭建多元信息交互的能量管理平台，通过多站协调运行实现"1+1＞2"的效果，使得能源和负荷互联互通、自由转化，提升全站综合能效。

二、储能系统

储能系统作为交直流微电网系统的重要组成部分，主要包括能量管理系统（EMS）、协调控制系统（PMS、CCU）、储能变流器（PCS）、电池系统。EMS 监控管理整套储能系统，实现稳态控制功能，保障系统安全可靠运行；PMS 实现暂态控制功能，并根据不同的应用场景，制定相应的控制策略，合理控制多 PCS 的协调运行；PCS 实现能量在电池和电网中的双向流动；电池系统包括储能电池和电池管理系统，电池系统实现电池的有效管理和控制。

1. 储能系统功能

有效调整变电站负荷曲线，利用储能站在高峰负荷可向交流系统输出电能、低谷负荷可从交流系统中吸收电能的能力，实现"削峰填谷"效应，缓解能源站供电压力、提高电能的利用率，也有助于电力系统的调峰调频，同时可利用峰谷电价差获得相应的经济效益。

支撑直流微电网，作为站内直流微电网的电源支撑，同时为直流微电网提供稳定性支撑，为站内光伏接入提供平抑电网波动的功能。

资源整合。作为储能系统，为变电站内直流负荷提供备用电源。

2. 储能电池选型

本工程储能系统主要考虑两点主要功能：①根据系统需求进行削峰填谷；②对站内数据中心提供稳定备用电源。根据功能需求，本站电池选型主要侧重以下几条原则。

（1）容易实现多方式组合，满足较高的工作电压和较大工作电流。

（2）高安全性、可靠性：在极限情况下，即使发生故障也在受控范围，不应该发生爆炸、燃烧等危及电站安全运行的故障。

（3）具有良好的快速响应和充放电能力；较高的充放电转换效率。

（4）易于安装和维护；具有较好的环境适应性，较宽的工作温度。

（5）符合环境保护的要求，在电池生产、使用、回收过程中不产生对环境的破坏和污染。根据目前国内外储能系统现状和运行经验，各类储能电池特点见表5-3。

表5-3　　　　　　　　　　各类储能电池特点

技术参数	铅蓄电池		锂离子电池			液流电池	
	铅酸	铅炭	磷酸铁锂	钛酸锂	三元锂	全钒液流	锌溴液流
能量密度 /（Wh/kg）	25～50	25～50	120～150	80～110	180～240	7～15	65
功率密度 /（W/kg）	<150	150～500	500～1500	1000～2000	1000～2000	10～50	100～500
转换效率	70%～85%	70%～85%	90%～95%	>95%	90%～95%	75%～85%	70%～80%
服役年限	5	5～10	8～12	>15	8～12	15～20	10～15
循环次数	500～1500	3700～4200	3000～5000	10000～15000	4000～5000	10000～15000	5000
启动时间	<1s	<1s	<1s	<1s	ms 级	秒级	秒级
响应速度	<10ms	<10ms	<10ms	<10ms	ms 级	ms 级	ms 级
自放电率	1%/ 月	1%/ 月	1.5%/ 月	2%/ 月	2%/ 月	低	10%/ 月
能量成本	500～1000	960～1200	1600～2500	5000～6000	2000～2500	4000～4500	2500～3000
功率成本	500～1000	1200～1500	3200～5800	9000～10000	4000～5000	～18000	12500～15000
度电成本	0.5～1.0	0.5～0.7	0.7～1.0	0.7～1.0	0.7～1.0	0.7～1.0	0.7～1.0
技术成熟度	商用	商用	示范—商用	示范	示范—商用	示范	示范
安全性	优	优	中	中	中	优	优
环保性	中	中	中	中	中	良	良

从储能技术的经济性来看，锂离子电池生产厂家多，工艺流程成熟；钠硫电池和钒液流电池未形成产业化，供应渠道受限，成本昂贵；铅碳电池能量密度小，相同容量下占地面积较大。

从运营和维护成本来看，锂电池循环次数多，使用寿命长，转换效率高，考虑到电化学的危险性，需要定期维护；钠硫电池需要持续供热，钒液流电池需要泵进行流体控制，增加了运营的成本；铅碳电池转换效率较低，使用寿命较短，但安全性更好，可以做到免维护，经济性较高。

综上所述，根据国内外储能系统应用现状和电池特点，结合本工程实际情况，本站推荐使用铅碳电池。根据每段直流母线下光伏和负荷的配比，同时考虑重要负荷（直流控保装置）的容量20kW，建议每段直流母线配置50kW/100kWh铅碳电池系统。

3. 储能接入电网拓扑

项目中铅碳电池经储能DC/DC变换器以及直流配电单元接入直流电网，接入拓扑如图5-8所示。

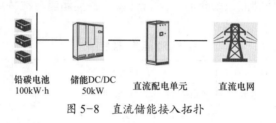

铅碳电池　　储能DC/DC　　直流配电单元　　直流电网
100kW·h　　50kW

图5-8　直流储能接入拓扑

本项目中所使用的铅碳电池储能系统设备供货清单见表5-4，其中包含1套电池系统与动力线束以及42台电池块，相应的电池块和铅碳电池技术参数分别见表5-5和表5-6，电池块外观如图5-9所示。

表5-4　　　　　　　　　　铅碳电池储能系统设备供货清单

名称	型号/参数	数量
电池系统	标称容量40.8kW·h 额定电压504V	1套
电池块	12V，200Ah，2.4kW·h	42台
动力线束	DC600V，含正、负极配套插头	1套

表5-5　　　　　　　　　　电池块技术参数

项目	具体参数
额定容量	200A·h
额定能量	2.4kW·h

续表

项目	具体参数
额定电压	12V
最大充电电流	40A
内阻	2.7mΩ
短路电流	3675A
尺寸	517mm（W）×276mm（D）×225mm（H）
重量	≈80kg
最大工作环境温度	放电 −40～50℃ 充电 −20～45℃ 储存 −20～40℃

表 5-6　　　　　　　　　　　铅 碳 电 池 技 术 参 数

序号	项目	参数
1	标称容量	200A·h
2	额定能量	100.8kW·h
3	额定电压	504V（DC）
4	最大充放电电流	40A（0.25C）
5	重量	≈3360kg
6	主要部分	42 个电池块
7	最佳工作环境温度	15～25℃

4. 电池管理系统（BMS）

电池管理系统（Battery Management System，BMS）主要由充/放电保护单元、含均衡功能的储能电池管理模块（Energy Storage Battery Management Module，ESBMM）、终端采集模块及储能系统管理单元等设备单元组成，如图 5-10 所示。

图 5-9　电池块外观

5. BMS 控制策略

（1）待机。BMS 检测到电池组正常，并且 DC/DC 装置正常时，闭合直流继电器，可以手动闭合直流断路器，允许电池组进行充放电操作。

（2）充放电。电池组在无故障时，接受 DC/DC 装置对其进行正常的充放电；当电池在充满电后应发送充满状态；当电池在放空电后应发送放空状态，放空状态维持，需要经过充电后才释放放空状态，不会在静置一段时间后由于电压上升而允许放电。

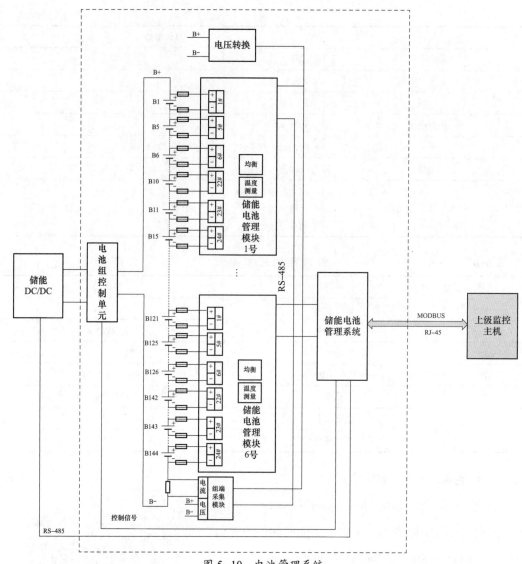

图 5-10   电池管理系统

6. BMS 保护策略

BMS 的故障与保护总体分为预警、轻故障及重故障 3 级。发生预警时，只进行上传与显示；发生轻故障时，上传并显示报警信息同时请求 DC/DC 装置待机；发生重故障时，上传并显示报警信息同时请求 DC/DC 装置停机（重故障）指令，BMS 就地切断其直流接触器，保护电池系统的安全。

BMS 故障主要由簇端过压、簇端欠压、单体过压、单体欠压、过流、电池温度过温、电池温度欠温、温差过大、单体电压压差过大、通信故障等组成。

（1）BMS 的保护措施。

1）采用禁充禁放干接点，防止通信中断时系统无法及时进行保护。干接点闭合正常充放电，断开禁止充放电。

2）高效的单体电压和温度管理，在出现差异越限时，会先控制 DC/DC 降低功率，若功率降低后差异还在继续增大并超过保护值，BMS 断开继电器进行保护。

3）与消防联动，出现消防报警时立即断开继电器进行保护，消防系统提供干接点，并接入 BMS，在消防报警时干接点信号变位。当 BMS 检测到消防干接点断开时电池正常输出，当检测到干接点闭合时，视为有消防报警，立即断开继电器切断输出。

4）提供事件及历史数据记录功能。BMS 能够在本地对电池系统的各项事件及历史数据进行一定量存储。

（2）储能 DC/DC 的功能要求。

1）工作模式。直流恒压、恒功率，由上级平台下发指令。

2）与 BMS 通信功能。储能 DC/DC 变流器应具有与 BMS 的 CAN2.0B 接口，以获得 BMS 的充放电参数和充放电实时数据。

3）急停功能。储能变流器应安装配置系统急停接口。系统启动急停装置时，储能变流器应切断动力电源输入，还应同时切断储能变流器所有断路器。

4）控制器故障信息处理要求。控制器应具备对断路器、接触器、防雷器等设备状态信息采集和处理功能。

5）显示及输入功能。储能 DC/DC 变流器应配置输入和显示设备，采用触摸彩屏模式，显示信息字符清晰、完整，应不依靠环境光源即可辨认。

6）技术参数。储能 DC/DC 高低压侧的技术参数见表 5-7。

表 5-7　　　　　　　　　储能 DC/DC 高低压侧的技术参数

名称	储能 DC/DC
直流高压侧参数	
额定功率	50kW
额定电压	800（DC）
电压范围	450～1050V（DC）
电流范围	±100A
电压精度	1.00%
直流低压侧	
电压范围	50～1000V（DC）
电流范围	±200A
额定功率	50kW
稳压精度	0.50%

续表

名称	储能 DC/DC		
稳流精度	1.00%		
纹波电压	1.00%		
基本特性			
正反向切换时间	≤100ms		
正反向软起与启动功能	具备		
效率	≥97%		
工作温度	−25～+50℃满载 + 50～+55℃功率降额		
相对湿度	≤95%RH，无凝露		
防护等级	IP20		
海拔高度	2000m		
通信方式	RS-485，CAN，干接点		
外形尺寸	600mm（W）×800mm（D）×2260mm（H）		

三、直流智慧路灯

基于直流智能照明系统思路，对智能复合杆柱系统"直流化"，直流智慧复合杆柱系统主要由智能直流柜、直流配电及通信线路、多合一杆柱（含模块支架）、直流灯具、各种直流智能电气设备（信息发布屏、USB 充电器、音箱、环境监测、摄像头、5G 基站、Wi-Fi 等）、数据平台等功能模块构成。采用安全直流集中供电方式，显著提高复合杆柱配电系统安全性，尤其是针对全天候通电线路及电气设备的漏电隐患，并提高各智能电气设备的可靠性；通过云智能管控软件，实现对复合杆柱系统的数据利用。

直流智慧照明采用 DC ± 110V 和 / 或 ±48V 的真双极低压母线拓扑，符合 IEC 标准安全电压（DC120V 以下），更安全；两极三线制，中性线压降可达零，传输距离较单极 110V/48V 更远，具有极强的工程适应性；正负极交叉布局，避免单线故障全路段灭灯，再加上模块冗余双备份，系统更可靠，设计更灵活；云平台自动调控、自动故障报警、自动生成统计报表，运维更智能。

本项目拟在城北边微电网两段直流母线下各配置 1 台直流智慧路灯。直流路灯供电配置如图 5-11 所示，样式如图 5-12 所示。

四、光伏直驱型空调系统

1. 通风系统设计

（1）主变压器室外布置，采用自然通风。主变压器发热量巨大，采用室外布置方案，利用自然环境优势对设备进行自然风冷却降温，节约能耗，且无通风系统投资。

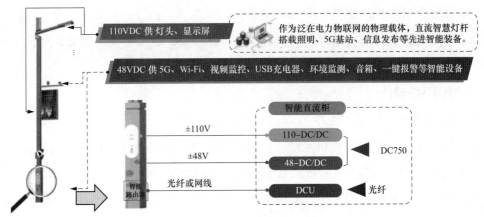

图 5-11 直流路灯供电配置

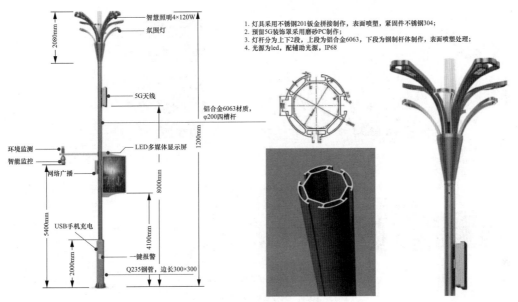

图 5-12 直流路灯样式

（2）二次设备室内设置排通风系统。由设在房间底部的电动防雨百叶窗自然进风、设在房间上部的防腐防爆型轴流风机机械排风，吸风口上缘距屋顶的距离为 100mm。通风机及电机均为防爆型，防爆等级不低于ⅡCT1级。

（3）配电装置室，室内设有 CO_2 电气设备，设自然进风、上下部机械排风的通风系统。进风由设在房间下部的电动防雨百叶窗进入。上下部排风均采用轴流风机。事故通风由平时使用的下部排风装置和上部排风装置共同保证，满足不少于 6 次 /h 的换气次数。夏季，空调机组运行，并维持室内温度不高于 30℃。电气专业在室内设置氧量仪，仪器报警时联动打开通风机和百叶。过渡季关闭空调机组，开启通风系统，由上部风机排出室内余热。

（4）卫生间设排风扇排风，换气次数不小于 10 次 /h。

（5）电缆沟设检修通风系统，采用轴流风机机械排风，通风换气次数按不少于 12 次 /h 计算。电缆沟排风口设于电缆沟底部。

2. 空调系统设计

二次设备室设一套制冷量 25.2kW 的光伏直驱变频多联机系统；配电装置室设一套制冷量 90kW 光伏直驱变频多联机系统。光伏直驱变频多联机系统采用光伏直驱技术，保证光伏能优先利用，如图 5-13 所示。当光伏输出能量满足机组需求之后仍有盈余时，系统可实时进行余电并网；当光伏发电量不足时，系统从电网取电作为补充。机组全年发、用电量持平，对电网综合用电为零，从而实现机组零电费。

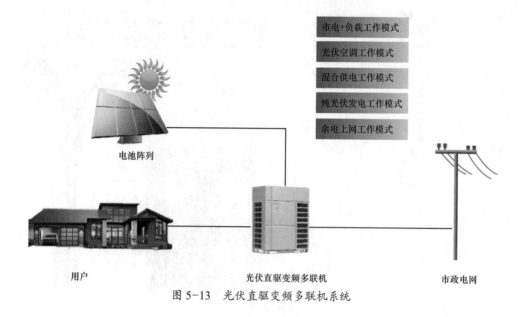

图 5-13　光伏直驱变频多联机系统

采用光伏直驱变频多联机系统比普通分体式空调系统设备购置投资增加近 15.8 万元。但采用光伏直驱变频多联机系统每年可减少电网用电量 111456kW·h，约电费 7.8 万元（电价按 0.7 元 /kW·h 计算），设计年限（10 年）内总减少电网用电量约 111.5 万 kW·h，约电费 78 万元。采用光伏直驱变频多联机系统增加的投资 2 年内即可收回。光伏直驱变频多联机系统与普通分体式空调系统成本对比见表 5-8。

二次设备室空调系统的设置能保证夏季室内温度维持在 24～28℃，冬季室内温度维持在 18～22℃，提供设备正常运行所需的室内温湿度环境。二次设备室空调为防爆型。

配电装置室空调系统的设置可以保证夏季室内温度不高于 30℃，提供设备正常运行所需的室内温湿度环境。配电装置室空调仅在夏季运行，过渡季节关闭空调开启风机排出室内余热，从而减少用电量。

表 5-8　　　　光伏直驱变频多联机系统与普通分体式空调系统成本对比

本项目（光伏直驱变频多联机系统）	通用设计（普通分体式空调系统）
制冷量为 25.2kW 光伏直驱变频多联机 1 台，单价 63266 元 / 台（冬、夏季运行）； 制冷量为 45kW 光伏直驱变频多联机 2 台，单价 65275 元 / 台（仅夏季运行）； 管理系统，45000 元 / 套，2 套	型号为 KFR-120LW 型（功率 4kW）10 台，单价 12000 元 / 台（其中 2 台冬夏季运行，8 台仅夏季运行）； 型号为 KFR-25GW 型（功率 0.9kW）2 台，单价 2800 元 / 台（冬、夏季运行）
设备购置费用为 $63266 + 65275 \times 2 + 45000 \times 2 = 283816$ 元	设备购置费用为 $12000 \times 10 + 2800 \times 2 = 125600$ 元
每年电网综合用电量 0	每年电网综合用电量为 $2 \times 4kW \times 24h \times 180$ 天 $+ 8 \times 4kW \times 24h \times 90$ 天 $+ 2 \times 0.9kW \times 24h \times 180$ 天 $= 111456kW \cdot h$
每年电费 0 元	每年电费为 $0.7 \times 111456 = 78019.2$ 元
设计年限（10 年）内电费 0 元	设计年限（10 年）内电费为 $78019.2 \times 10 = 780192$ 元

警卫室、值班室、展示室、资料室设冷暖热泵型分体壁挂式空调机，满足运行值班人员的工作环境温度需要。

第五节　变电站改扩建方案

一、整体规划和建设方案

本项目涉及车棚、围墙、生产楼外墙和屋顶光伏，共计安装容量为 210.39kWp。光伏车棚、警卫室及生产楼屋顶为单晶硅组件，生产楼外墙，围墙为钙钛矿组件。光伏车棚和生产楼屋顶具备预留后期安装光伏组件的条件，其余部分与变电同步建设投产。

本项目计划光伏安装范围见表 5-9。

表 5-9　　　　　　　　　光 伏 安 装 范 围

序号	建筑物名称	面积 /m²	组件类型	容量 /kWp
1	车棚（预留）	79	单晶硅组件	17.1
2	警卫室	50	BIPV 形式单晶硅组件	8.55
3	生产楼屋顶（预留）	517	单晶硅组件	75.24
4	配电装置室南立面	300	钙钛矿组件	45
5	配电装置室东立面	50	钙钛矿组件	7.5
6	配电装置室西立面	50	钙钛矿组件	7.5
7	南面围墙	170	钙钛矿组件	25.5

序号	建筑物名称	面积 /m²	组件类型	容量 /kWp
8	西面围墙	80	钙钛矿组件	12
9	东面围墙	80	钙钛矿组件	12
合计		1520		210.39

二、系统总体方案设计及发电量计算

1. 光伏组件选型

太阳能电池是一种通过光电效应或者光化学反应直接把光能转化成电能的装置。1839 年，法国物理学家 Becquerel 发现了光生伏特效应，1876 年，英国科学家 Adams 等人发现，当太阳光照射硒半导体时，会产生电流。这种光电效应太阳能电池的工作原理是，当太阳光照在半导体 p-n 结区上，会激发形成空穴—电子对（激子）；在 p-n 结电场的作用下，激子被分离成为电子与空穴并分别向阴极和阳极输运，光生空穴流向 p 区，光生电子流向 n 区，接通电路就形成电流。

Fritts 在 1883 年制备成功第一块硒（Se）上覆薄金的半导体 / 金属结太阳能电池，其效率仅约 1%。1954 年美国贝尔实验室的 Pearson，Fuller 和 Chapin 等人研制出了第一块晶体硅太阳能电池，获得 4.5% 的转换效率，开启了利用太阳能发电的新纪元。

此后，太阳能技术发展大致经历了 3 个阶段：第一代太阳能电池主要指单晶硅和多晶硅太阳能电池，其在实验室的光电转换效率已经分别达到 25% 和 20.4%；第二代太阳能电池主要包括非晶硅薄膜电池和多晶硅薄膜电池；第三代太阳能电池主要指具有高转换效率的一些新概念电池，如染料敏化电池、量子点电池以及有机太阳能电池等。

根据太阳能电池片的类型可分为晶体硅光伏电池（单、多晶硅）、薄膜能光伏电池（非晶、铜铟镓硒 CIS/CICS、碲化镉 CdTe）太阳、聚光光伏电池（砷化镓 GaAs）等。晶体硅电池是发展最早、工艺技术最成熟的太阳电池，也是大规模生产的硅基太阳电池中效率最高的电池，长期占领最大的市场份额。

随着国内光伏电池组件产量的不断提高，国内光伏产品性价比上的优势越发明显，为达到充分示范和展示我国光伏产业的发展成果的目的，本工程太阳能光伏电站设备以国内自主化生产为主。

本工程拟选用晶体硅太阳能电池。结合本项目实际建设要求，在车棚、预制舱、警卫室屋顶、生产楼屋顶考虑采用单晶组件。本阶段拟推荐 570Wp 单晶光伏组件。

570Wp 单晶组件参数见表 5-10。

表 5-10   **570Wp 单晶组件参数**

序号	名称	单位	数值	备注
1	组件类型		N 型单晶硅	单面组件
2	标准测试条件（STC）下参数			
2.1	峰值功率（P_{max}）	Wp	570	暂定
2.2	输出功率公差	W	0～5	
2.3	开路电压（U_{oc}）	V	50.74	
2.4	短路电流（I_{sc}）	A	14.31	
2.5	工作电压（U_{mp}）	V	42.07	
2.6	工作电流（I_{mp}）	A	13.55	
2.7	组件效率	%	22.07	
3	峰值功率温度系数	%/℃	−0.30	
4	最大系统电压	V（DC）	1500	
5	开路电压温度系数	%/℃	−0.25	
6	短路电流温度系数	%/℃	+0.046	
7	电池标称工作温度	℃	45 ± 2	
8	工作温度	℃	−40～+85	
9	首年功率衰减	%	≤1	
10	30 年功率衰减	%	≤12.6	
11	组件尺寸	mm	2278 × 1133 × 35	
12	重量	kg	28	

注 表中为主流厂家的光伏组件技术参数，仅供初步设计阶段参考，最终以设备招标为准。

光伏道路选用碲化镉薄膜光伏地砖。碲化镉薄膜组件参数见表 5-11。

表 5-11   **碲化镉薄膜组件参数**

序号	名称	单位	数值	备注
1	组件功率	Wp	40	暂定
2	抗弯强度	MPa	120	
3	集中荷载	kg	2000	
4	表面强度	MPa	（表面张应力）>90	
5	开路电压	V	51.8	
6	短路电流	A	1	
7	峰值电压	V	38.4	
8	峰值电流	A	0.83	

通过对项目建筑图纸条件分析，并结合钙钛矿光伏技术的优势及特点，建议在项目配电装置室南立面和东立面，以及围墙东、西、南 3 面布置与原建筑色调相融合的钙钛

矿彩色叠层光伏组件。

2. 光伏阵列运行方式选择

光伏方阵有多种安装方式，工程上使用何种安装方式决定了项目的投资、收益以及后期的运行、维护。

光伏组件的安装，考虑其经济性和安全性，目前技术最为成熟、成本相对最低、应用最广泛的方式为固定式安装。对于地面和混凝土屋面的光伏电站，可以做最优倾角固定式。对于彩钢瓦屋面的光伏电站，受屋面条件所限，则一般沿坡固定倾角安装。

结合本项目的建设场地实际，本项目生产楼屋顶考虑采用光伏建筑一体化（BIPV）的方式来设计，车棚和预制舱顶光伏组件为沿屋面坡度固定角度安装方式。

3. DC/DC 变换器的选型

本工程为小容量分布式光伏项目，总容量228.07kWp，且直接接入直流微电网，微电网直流电压为750V，根据本项目屋顶布置情况考虑采用50kW DC/DC变换器接入直流微电网，且具有直流拉弧检测功能。变换器参数见表5-12。

表 5-12   变 换 器 参 数

编号	变换器参数	单位	数值
1	输出额定功率	kW	50
2	最大视在功率	kW	55
3	最大交流电流	A	73.3
4	最大输入电压	V（DC）	900
5	最大功率跟踪（MPPT）范围	V（DC）	300~850
6	每路最大直流输入电流	A	10
7	最大输入路数	路	12
8	MPPT 数量	路	6
9	直流输出电压范围	V	750
10	工作环境温度范围	℃	−25~+60

4. 光伏子方阵设计

（1）光伏组件串并联设计。考虑光伏组件的温度系数影响，随着光伏组件温度的增加，开路电压减小；相反，组件温度降低，开路电压增大。为了保证DC/DC变换器在当地极限低温条件下能够正常连续运行，在计算电池板串联电压时应考虑当地的最低环温进行计算，并得出串联的电池个数和直流串联电压（保证DC/DC变换器对光伏组件最大功率点MPPT跟踪范围）。

本工程所选 DC/DC 变换器最高允许输入电压 $U_{\text{DC,max}}$ 为 900V，满载输入电压 MPPT 工作范围为 300~850V。

570Wp 单晶硅太阳电池组件的开路电压 U_{oc} 为 50.74V，最佳工作点电压 U_{mp} 为 42.07V，开路电压温度系数为 −0.25%/℃，最大功率温度系统 −0.30%/℃。

根据《光伏发电站设计规范》（GB 50797—2012），光伏组串串联数的计算公式为

$$\frac{U_{\text{MPPT, min}}}{U_{\text{pm}} \times [1 + (t' - 25) \times K'_{\text{U}}]} \leqslant N \leqslant \frac{U_{\text{MPPT, max}}}{U_{\text{pm}} \times [1 + (t - 25) \times K'_{\text{U}}]} \tag{5-1}$$

式中 K'_{U}——光伏组件工作电压温度系数；

    N——光伏组件串联数；

    t——光伏组件工作条件下的极限低温，℃；

    t'——光伏组件工作条件下的极限高温，℃；

$U_{\text{MPPT, max}}$——DC/DC 变换器 MPPT 电压最大值，V；

$U_{\text{MPPT, min}}$——DC/DC 变换器 MPPT 电压最小值，V；

  U_{pm}——光伏组件的工作电压，V。

$$N \leqslant \frac{U_{\text{DC, max}}}{U_{\text{oc}} \times [1 + (t - 25) \times K_{\text{U}}]} \tag{5-2}$$

式中 U_{oc}——光伏组件的开路电压，V；

  $U_{\text{DC, max}}$——DC/DC 变换器最高允许输入电压，V；

    K_{U}——光伏组件开路电压温度系数。

根据公式（5-1）计算得 $7 \leqslant N \leqslant 18$，根据公式（5-2）计算得 $N \leqslant 16$。组串串联数越多，相应的电缆用量越低，同时考虑到实际工况，条件允许时 N 取 16。

（2）组件倾角分析。本工程组件沿屋面坡度布置，倾角与屋面坡度基本一致。

（3）光伏阵列组件布置方式。本工程生产楼屋顶 BIPV 形式的组件在保证避开建筑物阴影遮挡的前提下合理布置，组件之间留出 1200mm 检修通道。

5. 方阵接线方案设计

本项目拟采用组串直流变换、集中汇流并网的方案，共安装 228.07kWp 发电容量，配置 4 台 50kW DC/DC 变换器。就地 DC/DC 变换后分别接入两端直流微电网母线。

6. 辅助方案设计

为了实时监测光伏发电系统的运行状态和工作参数，光伏系统就地配置数据采集系统，就地数据采集系统将数据采集后通过无线通道送至国家电网集中监控系统后台。

7. 发电量计算

本项目晶硅组件容量为110.01kWp，年均利用小时数为920.8h，25年年均发电量为10.1万kW·h。

本项目光伏道路长度为65m，装机容量为8.56kWp。由于地面光照条件相对较差，根据计算，年均利用小时数为817h，光伏年均发电量约为7000kW·h。

钙钛矿组件装机容量为109.5kWp，年均利用小时数为598h，幕墙光伏年均发电量约为6.55万kW·h。

三、电气一次

本工程为DC750V电压等级并网，共1个并网点接入站用微电网直流母线。本工程拟新建并网柜1面。

1. 光伏发电场电气主接线

单晶硅电池组件20块串成一组串，本工程总容量为228.07kW，配置4台DC/DC变换器，每台DC/DC变换器最多接入12串组串，变换成直流电压后接入相应并网柜。

并网柜内安装并网开关、配置计量装置及数据采集装置，配备数字智能仪表，可实现用户光伏发电量相关数据的采集和显示；此外还安装有断路器、避雷器等，并网断路器应根据变电站站用电断路器短路电流水平选择开断能力，须留有一定的裕度，且断路器应具备电源端与负荷端反接能力。

电气设备的绝缘配合，按照《光伏发电站防雷技术要求》(GB/T 32512—2016)确定的原则进行。

本工程在电池板站区不装设避雷针。

在DC/DC变换器两侧直流均装设有过电压保护器，可以防止单个电池板回路直接雷和感应雷电波串至其他电池板回路，迅速释放雷电波从而保护其他电池板不受雷电波损坏；在750V母线装设有浪涌保护，可以防止雷电波入侵和操作过电压。

2. 电气设备及布置

本工程考虑在现场用配电房内新增1台并网柜和监控柜，监控柜电源取自站用UPS电源。DC/DC变换器布置在光伏阵列中，出线电缆沿桥架或穿管敷设。

根据《电力工程电缆设计标准》(GB 50217—2018)的规定，1kV动力电缆和控制电缆选用阻燃型聚氯乙烯绝缘电缆，部分重要回路如消防、直流、计算机监控等回路采用耐火电缆。考虑温度校正系数和敷设系数后，光伏站区内组件到组串DC/DC变换器直流电缆选用PV1-F-1×4mm²电缆；DC/DC变换器到并网柜选用ZC-YJV22-0.6/1-

$2 \times 50\text{mm}^2$ 电缆。

本工程部分电缆采用电缆穿管和桥架敷设，工程全部选用阻燃铜芯电缆，数据采集系统选用屏蔽电缆，其余电缆以铠装电缆为主。

电缆布线时从上到下排列顺序为从高压到低压，从强电到弱电，由主到次，由远到近。为抗干扰通信线采用屏蔽双绞线，通信线在过路或外界存在压力大时采用全程穿管。

本工程大部分为直流电缆，直流电流切断困难，易引发火灾。本工程按电力防火规程和国家消防法规，设置完备的消防措施；所有电缆均采用阻燃电缆，电缆沟分叉和进出房屋处设防火墙，防火墙两侧电缆刷防火涂料，屏柜下孔洞采用防火隔板和防火堵料进行封堵等。

为保护人身和设备安全，所有电力设备都装设了接地装置，接地装置按《交流电气装置的接地设计规范》（GB/T 50065—2011）和《交流电气装置的过电压保护和绝缘配合设计规范》（GB/T 50064—2014）的要求进行设计，并将接触电势和跨步电压均限制在安全值以内。

根据现场情况，屋顶部分光伏可利用建筑物现有避雷带，当建筑物原有避雷带保护范围保护不到光伏组件时，可升高原有建筑避雷带，建议厂房屋顶区光伏设备防直击雷保护利用光伏组件金属框架或支架作为接闪器，仅新增接地引下线，接入现有屋顶避雷带。

防雷保护是太阳能发电系统可靠运行的重要保障，本项目设计根据项目特点，采取了多极防雷措施。光伏组件采用通过支架直接接地的方式进行防雷保护，不设置独立防直击雷保护装置。组件铝边框间、组件与支架间接地导线应采用 BVR-4mm^2 导线连接，并与支架可靠连接。光伏电池组件支架与屋顶接地网连接采用 $40 \times 4\text{mm}^2$ 镀锌扁钢，同时外露电缆线槽、桥架也需良好接地。

直流侧和交流侧均设置了多极防雷保护装置，系统的所有出入口处均设有防雷装置，有效避免雷电波的侵入。

四、电气二次

本项目暂不设置就地集中监控系统，考虑采用就地采集光伏发电数据，将数据采集后通过无线通道送至国网集中监控系统后台。数据采集装置及上送设备放置在监控柜内。

并网点的断路器应具备短路瞬时、长延时保护功能和分励脱扣、欠压脱扣功能，线路发生短路故障时，线路保护能快速动作，瞬时跳开断路器，满足全线故障时快速可靠。

本方案直流并网点电流、电压和发电量信息，由变电站直流微电网统一采集、监控及上传。

发电量计量点增加数据上传装置一套。

第六节 案例技术和策略要点小结

对比分析变电站低碳化改扩建前后各系统的耗电量及碳排放量，见表 5-13。

表 5-13　　　　变电站低碳化改扩建前后各系统的耗电量及碳排放量

种类	原年耗电量 / （kW·h）	原年碳排放量 /t	扩建后年耗电量 / （kW·h）	扩建后年碳排放量 /t
变电系统	1929600	1126.69 （其中变压器 599.56）	767597	448.2 （其中主变压器 +SVG 396.4）
照明系统	29200	17.81	1882.82	1.10
暖通系统	291550	177.87	106016	62.48
排水系统	—	—	2750	1.61
绝缘气体 SF_6	—	96.80	—	0
变压器油	—	1.23	—	0
光伏系统	—	—	199500	−117.57
外部接入光伏	—	—	29981499	−17506.2
碳排放总量	—	1420.4	—	−17110.38 （全站碳排 395.82）

注　电力碳排放因子为 $0.5839 kgCO_2 e/(kW·h)$。

设备方面，改扩建方案主变压器、110kV 配电装置、10kV 配电装置、10kV SVG、直流系统及 UPS 采用绿色低碳新设备，该设备采用可再生资源和清洁能源生产，具备低碳绿色特征。目前市场需求少，受研发成本影响，目前价格偏高。由于投入产出法以价格为基础计算，该部分设备不计算碳排放，不进行比较改扩建后变电站运行年碳排放量为395.82t，原年碳排放量为1420.4t，优化设计后，运行期年碳排放减少1024.58t。

第六章 "光储直柔"变电站案例

本章围绕变电站"光储直柔"系统,分别从其系统简介、电网互动介入技术、分层柔性控制方案等方面展开介绍。本章内容有助于读者了解并掌握变电站"光储直柔"系统的技术特点及应用要点,保障变电站"光储直柔"系统的稳定运行。

第一节 变电站"光储直柔"系统简介

变电站智能微电网独立于变电站生产系统,作为变电站非生产用能电源,有光时候可以用光伏发电电源,发电大于负荷时,给储能充电,储能充满后,可用于空调供电;无光时可优先用储能给负荷供电,储能枯竭后用站用电源。

变电站"光储直柔"(PEDF)系统采用单极双层结构,构建750V直流主网架和220V次级直流网架,匹配负荷需求选择直流750V主电压。系统拓扑如图6-1所示,主要由两个380V交流电源点加装低压交直流柔性接口设备(200kW)构建两段750V直流母线,两段直流母线通过联络断路器连接,每段直流母线上挂接分布式光伏、储能、直

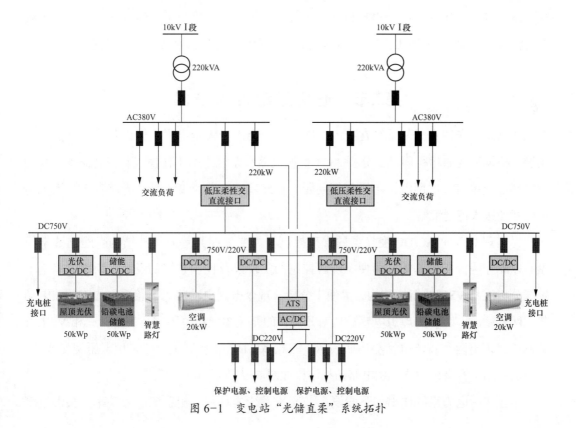

图 6-1 变电站"光储直柔"系统拓扑

流充电桩、直流空调，直流负荷分布在两段直流母线上，保障了直流负荷的供电可靠性。直流侧光伏接入容量为每段母线 100kWp，每段直流母线接入直流智慧照明、直流空调，对站内的控制、保护电源采用两路 220V 直流供电电源，采用双电源切换的方式保障站内控保直流设备的供电可靠性，同时预留直流充电桩接口。

对于储能电池的选型，需要综合考虑系统工作电压、工作电流、系统安全性、可靠性快速响应和充放电能力、安装和维护要求以及运营和维护成本等因素，实际工程情况中使用了铅碳电池，电池储能接入容量为每段母线 50kW/2h。低压交直流柔性接口装置采用额定功率 200kW，含隔离变压器的柔性装置（输出 750V 直流），支持恒直流电压、功率调度等模式；智能直流配电单元 ±375V，1 进 7 出，含 8 个多功能直流表，带电动操动机构、速断熔丝和绝缘监测；储能 DC/DC 采用额定功率 50kW，电池侧 450～950V（DC），可以实现正反向无缝切换，高动态响应，支持稳直流电压、功率调度等运行模式；铅碳电池储能系统采用规格为 100.8kW·h，12V 200A·h 的铅碳电池 42 节，含电池架、BMS、线缆等辅材；DC/DC 变压器采用含输入输出开关的 20kW 的 750V（DC）转 220V（DC）的变压器；光伏 DC/DC 的额定功率为 50kW，共计 6 路 MPPT，光伏组件侧电压为 300～850V，可以实现自供电；光伏防孤岛柜的规格是 4 进 4 出，接入光伏 50kWp 共 4 组，出线带电动操动机构，防孤岛保护一次回路由进出线端子＋断路器＋接触器构成，二次控制逻辑回路，实现 4 路直流侧光伏防孤岛及孤岛信号的外送。

第二节　电网互动接入技术

变电站"光储直柔"系统在接入电网过程中会由于大量电力电子设备带来电能质量问题，根据系统的运行环境，分析 AC/DC 换流器在系统中的工作模式及控制需求，并考虑并网输出电流、电网电压不平衡等问题，在此基础上研究变电站"光储直柔"系统与电网互动接入控制策略。

为实现对双向 AC/DC 变换器的准确控制，需要参照其等效拓扑结构来建立数学模型，以此作为分析的基础，为便于理解控制的实现以及控制系统的设计，利用电路基本定律分析三相 VSR 的拓扑结构，为便于分析，现令电网电动势为三相平稳的正弦波电动势；网侧滤波电感 L 为理想电感；功率开关管的开关损耗以电阻进行表示；三相 VSR 直流侧负载由电阻和直流电动势串联表示。三相 AC/DC 变换器主电路采用电压型变换器，直流侧采用电容进行滤波，主电路拓扑结构如图 6-2 所示。

结合实际电力系统作出如下假设：①交流系统是对称三相系统；②功率开关无过渡

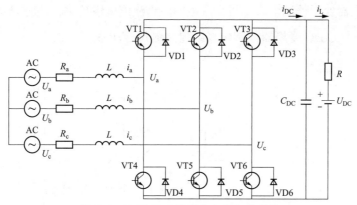

图 6-2 AC/DC 变换器主电路拓扑结构

过程、无功率损耗、无死区效应。

变电站"光储直柔"系统在实际工作时,双向 AC/DC 变换器能够稳定直流母线电压与交流母线电压的大小和频率,还可以保证交流侧电流正弦、对称,同时控制变换器交流侧功率因数,实现交直流能量双向流通。因此本节利用基于标准特征多项式的特征值配置方法设计 AC/DC 变换器的控制策略,使控制系统具有良好的鲁棒性,保证变电站"光储直柔"系统并网过程的稳定运行。

选取牛顿二项式的展开系数作为标准系数的值。表 6-1 为 1~5 阶系统的标准特征多项式。

表 6-1 1~5 阶系统的标准特征多项式

阶次 /n	标准特征多项式
1	$s + \omega$
2	$s^2 + 2\omega_0 s + \omega_0^2$
3	$s^3 + 3\omega_0 s^2 + 3\omega_0^2 s + \omega_0^3$
4	$s^4 + 4\omega_0 s^3 + 6\omega_0^2 s^2 + 4\omega_0^3 s + \omega_0^4$
5	$s^5 + 5\omega_0 s^4 + 10\omega_0^2 s^3 + 10\omega_0^3 s^2 + 5\omega_0^4 s + \omega_0^5$

标准特征多项式参数值的选择相对于其他控制方法的参数选择具有简便性。随着 ω_0 的增大,系统的调节时间减小,满足了系统快速响应性要求。

电压外环和电流内环的控制参数均采用标准特征多项式配置特征值。当直流子网供需平衡时,直流母线电压为额定值,此时双向 AC/DC 变换器不工作。

当直流侧负荷功率小于额定功率,直流母线电压上升,变换器处于逆变模式,将光伏系统的功率传递给交流电网,此时 $P>0$。当直流侧负荷功率大于额定功率,直流母线电压下降，变换器处于整流模式，将交流电网向直流侧传输功率，此时 $P<0$。

并网时双向 AC/DC 变换器控制仿真结构如图 6-3 所示。

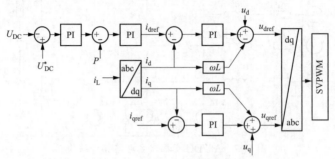

图 6-3　并网时双向 AC/DC 变换器控制仿真结构

图 6-3 中，交流侧电压有效值为 380V，频率为 50Hz。"光储直柔"系统运行于并网模式，直流母线电压额定值为 750V；光伏发电系统实际输出电压为 720V；直流负荷通过 DC/DC 变换器接入直流母线；储能系统在并网模式下不工作。本节电流电压环均采用 PI 控制器结构，采用基于标准特征多项式配置的设计方法。仿真时所用系统参数与控制器参数分别见表 6-2 和表 6-3。

表 6-2　　　　　　　　　　　双向 AC/DC 变换器系统参数

参数	数值
直流母线额定电压 U_{DC}/V	720
电网额定电压幅值 U_{abc}/V	311
交流子网频率 f/Hz	50
直流测电容 C_{DC}/μF	6200
滤波电阻 R/Ω	30
滤波电容 C/μF	1

表 6-3　　　　　　　　　　　双向 AC/DC 变换器控制器参数

PI 控制器		标准特征多项式控制器	
k_{ip}	4	k_{ip}^*	10
k_{il}	100	k_{il}^*	150
k_{vp}	1.1	k_{vi}^*	25
k_{vi}	45	k_{vp}^*	220

在变电站"光储直柔"系统中，系统运行在并网状态下，交流母线的电压和频率主要由电网维持；因此，三相 AC/DC 变换器的控制目标是维持直流母线稳定，保证交流侧电流正弦、对称，同时控制变换器交流侧功率因数，实现交直流功率双向流通。

当直流子网功率平衡，三相 AC/DC 变换器运行在停机模式，直流子网功率缺失，三相 AC/DC 变换器运行在整流模式，否则运行在逆变模式。

图 6-4～图 6-6 为采用标准特征多项式方法配置 AC/DC 控制器的并网逆变模式直流侧电流电压波形和交流侧电流电压波形。图 6-4 中采用基于标准特征值配置方法的控制策略，通过仿真得到采用基于标准特征值

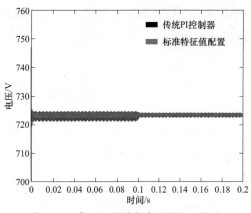

图 6-4 并网逆变模式直流侧电压波形

配置方法的控制策略直流侧电压波形波动更小。图 6-5 和图 6-6 所示的是并网逆变模式交流侧电压和电流波形，光伏电池由于外界环境变化，输出功率增加，此时直流侧负载减少，通过 AC/DC 变换器的电流也随之减少，可以看出功率因数接近 1。

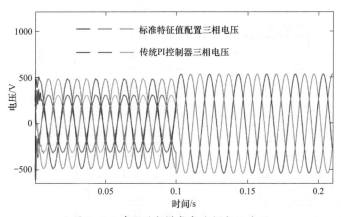

图 6-5 并网逆变模式交流侧电压波形

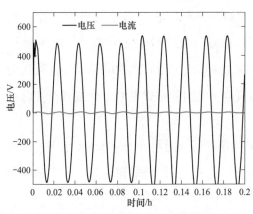

图 6-6 并网逆变模式交流侧相电压和
相电流波形

本节分析了由标准特征多项式配置方法设计的控制器在并网逆变模式与整流模式下对变换器的控制效果，并在仿真软件下对电路进行仿真实验与 PI 控制器对比分析。仿真结果表明，相比于一般 PI 控制器，本节所提控制策略的谐波畸变率较低，提高了变电站"光储直柔"系统 AC/DC 变换器的可靠性，满足电流并网控制要求，还能在一定程度上消除"光储直柔"并入变电站时对电能质量

的影响，提高系统的抗扰能力，为变电站"光储直柔"系统的稳定运行与光伏稳定并网提供技术支撑。

第三节　分层柔性控制方案

变电站"光储直柔"系统的3层分层控制方案如图6-7所示。其中最上层为能量管理层，中间层为功率变换调制层，底层为电压稳定控制层。最上层和中间层共同构成变电站"光储直柔"系统的监控层，通过这样的控制方案，能够实现负载的可满足性，优化分布式发电单元的调度和存储问题，以及提高光伏与分布式电源的利用率。

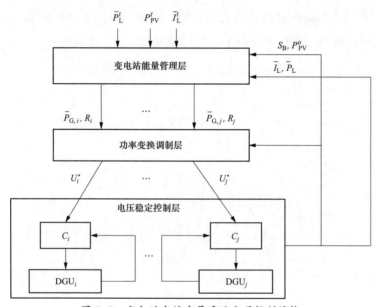

图6-7　变电站光储直柔系统分层控制结构

能量管理层利用光伏发电的预测值 P_{PV}^f、负荷的功率吸收量 $\bar{P}_L^f$ 及电流吸收量 $\bar{I}_L^f$。在每个时间点，测量光伏发电量 P_{PV}^o、电池的 SoC S_B 以及"ZIP"负载的实际功率吸收量 $\bar{P}_L$ 和电流吸收量 $\bar{I}_L$。能源管理层通过基于 MPC 的最优解算法为分布式发电单元提供最优的参考功率 $\bar{P}_{G,i}, i \in G$。此外，产生的决策变量可以开启/关闭分布式发电单元或者改变分布式发电单元的运行模式。

不同控制层工作在不同的时间尺度。一般能量管理系统运行在 5~15min 范围，功率变换调制层为 100~300s，电压稳定控制层为 10^{-6}~10^{-3}s。在每个采样时刻，相应的控制器为其对应的下层提供参考信号。

能量管理层产生参考功率和决策变量并将其传递给中间层。这些决策变量的值实质上决定了直流微电网网络的拓扑结构。由于电压稳定控制器不能直接感知能量管理系统的参考功率，因此需要第二层控制器通过基于拓扑的功率流方程来进行功率和电压的转换。

基于变电站"光储直柔"系统拓扑，采用图论的方法建立网状独立配置的 12 总线直流馈线结构，如图 6-8 所示，其配备了 2 个电池 DGU，2 个可调度 DGU，2 个 PV DGU 和 6 个复合型负载。并认为 DGU 与同步 Buck 变换器接口可通过电压控制器实现稳定控制。

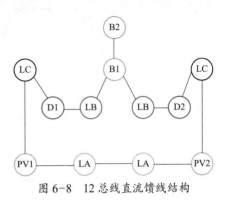

图 6-8　12 总线直流馈线结构

本节仿真以复合型负载为例，负载的实际电流及功率消耗遵循 3 种不同的日变化规律。变电站"光储直柔"系统负载实际电流和功率消耗如图 6-9 所示，3 条曲线对应 3 种复合型负载。变电站光储直柔系统基于 MPC 的能量管理系统的采样时间设定为 15min，预测域 $N=10$。功率变换调制层采样时间为 300s。

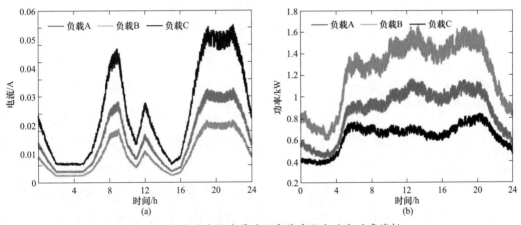

图 6-9　变电站光储直柔系统负载实际电流和功率消耗
（a）实际电流消耗；（b）实际功率消耗

为了保证电网的经济性和维持变电站光储直柔系统的电力平衡，在白天，变电站"光储直柔"系统的能量管理系统关闭可调度的分布式发电单元 D2，可调度的分布式发电单元 D1 以最小允许功率运行，但仍保持全天运行，如图 6-10 所示。

分布式电源 B1 和 B2 的 SoC 和输出功率分别如图 6-11 和图 6-12 所示。

从图 6-12 中可知，与电池相连接的 DGU 实现了对参考电压的稳定跟踪，同时变电站"光储直柔"的能量管理系统阻止了电池在充电和放电两种模式之间的频繁切换，有效地防止了电池因为频繁的充放电而出现寿命受损。图 6-11 显示出 SoC 变化满足相应的约束。

图 6-13 为光伏系统标称和预测发电量及参考和产生功率的曲线。

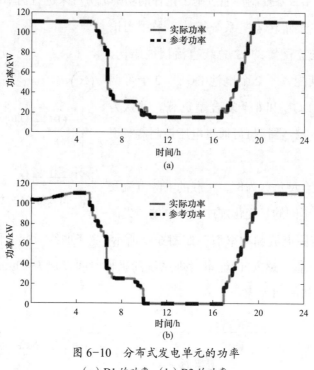

图 6-10 分布式发电单元的功率
（a）D1 的功率；（b）D2 的功率

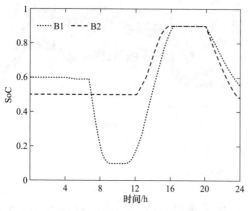

图 6-11 分布式电源 B1 和 B2 的 SoC

从图 6-13 可以看出，当与电池连接的分布式电源接入系统时，能量管理系统尝试在光伏发电高峰期间储存剩余能量，并在光伏发电下降时将其释放出来。为与真实的运行情景一致，仿真在额定的光伏发电量和预测之间不匹配的情况下进行。在任意采样时刻，能量管理系统不但根据实际光伏出力进行输出参考功率预测，而且确定与光伏板连接的分布式发电单元的运行模式。同时光伏发电单元直接接入变电站"光储直柔"系统，实现对能量管理系统参考功率的跟踪。在仿真时设定与光伏板连接的分布式发电电源在仿真时间段的前几小时和后几小时采用 MPPT 模式，而在其他时间采用功率削减模式。由于电池 SoC 存在上限，可调度的分布式发电单元 D2 将停止运行，而可调度的分布式发电单元 D1 将以最小的功率运行。

图 6-14 所示为不同负荷节点的负荷功率预测及净吸收功率曲线。

由图 6-14 可知，能量管理系统的负载功率和节点净吸收量的预测值与实际值存在差异，其原因在于额定电压下电流和功率分布的预测的不准确性。然而即使采用准确的电

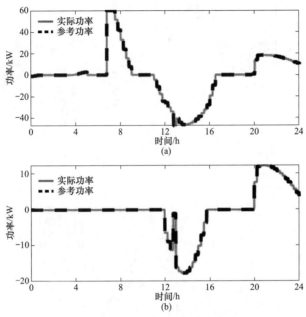

图 6-12 分布式电源 B1 和 B2 的输出功率

（a）B1 的输出功率；（b）B2 的输出功率

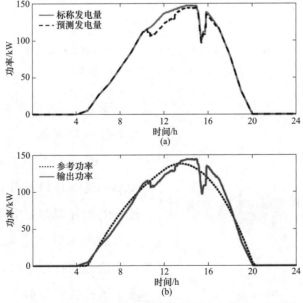

图 6-13 光伏系统标称和预测发电量及参考和产生功率

（a）标称和预测发电量；（b）参考和产生功率

流和功率分布，结果仍无法完全满足。这是由于负载所吸收的净功率取决于接收到能量管理系统的参考功率后由功率流转换调制层产生的公共耦合点的电压。

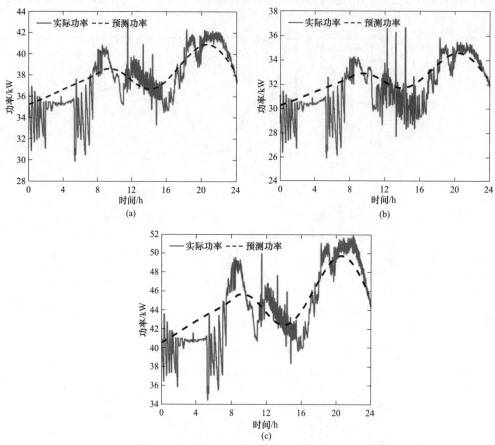

图 6-14　不同负荷节点的负荷功率预测及净吸收量
（a）负载 A；（b）负载 B；（c）负载 C

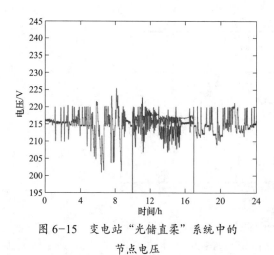

图 6-15　变电站"光储直柔"系统中的
节点电压

变电站"光储直柔"系统中的节点电压如图 6-15 所示。

由图 6-15 可知，系统实现了负载电压解的唯一性以及分布式发电单元功率注入的较好跟踪。中间控制层以 300s 为一次的频率对上述电压进行操作，将电压维持在容许范围之内。通过从能量管理系统接收到新的参考功率从电压曲线中，可以观测到电压变化在标称电压值

的 -10%~+5% 的范围内变化，符合《建筑光储直柔系统评价标准（征求意见稿）》4.3.2 条中对系统的电压变化范围的要求，即系统稳态电压应在 85%~105% 标称电压范围之内。

第四节 案例技术和策略要点小结

案例建立了一种面向工程化的基于标准特征多项式配置方法的双向 AC/DC 变换器控制策略。通过建立变电站"光储直柔"系统三相 AC/DC 双向变换器的数学模型，并分析控制器参数对变换器在不同运行模式下输出电能质量的影响，然后基于标准特征多项式的特征值配置方法设计控制器并进行参数设计，分析了该方法对抑制并网电流谐波、改善 AC/DC 变换器并网电能质量的作用，分析了由标准特征多项式配置方法设计的控制器在并网逆变模式与整流模式下对变换器的控制效果，结果表明，此控制策略提高了变电站"光储直柔"系统 AC/DC 变换器的可靠性，满足电流并网控制要求，还能在一定程度上消除"光储直柔"并入变电站时对电能质量影响，提高系统的抗扰能力，为变电站"光储直柔"系统的稳定运行与光伏稳定并网提供技术支撑。

案例还建立了一种复合的"光储直柔"微电网分层控制结构，适用于具有任意拓扑结构的"光储直柔"系统的整体操作运行和控制。包含能量管理层、功率变换调制层和电压稳定控制层的自上而下的分层的变电站"光储直柔"系统复合框架。本文构建了该框架中能量管理层和功率变换调制层构成了系统的监督管理层。其中，能量管理层利用对光伏的发电量和负载的功率和电流吸收量的预测形成基于 MPC 的能量管理策略，为变电站"光储直柔"系统的发电单元产生功率参考和运行模式的决策变量。功率变换调制层负责将产生的功率参考转换成可供电压稳定控制层使用的电压参考。更具体的是参考电压的获得是通过考虑实际操作限制的优化问题求解得到的。所提的控制框架以及相应的控制策略通过工作在不同的时间尺度来优化分布式发电单元的调度和存储问题，以及提高了光伏和分布式电源的最大可能利用率。该控制策略可实现变电站"光储直柔"系统内可调配单元、光伏发电单元、储能单元和负载的优化调度以及网络拓扑的良好切换，并获得了期望的性能。所提控制框架和自适应策略保障了光储直柔系统的稳定运行，为"光储直柔"系统分布式、高效优化运行和将来参与电网互动提供了技术支撑。

第七章 多站融合的变电站案例

本章以安宁桃树村多站融合项目为案例，首先介绍了多站融合变电站项目的系统构成及其技术特点，其次介绍了多能源系统方案优化方法，最后介绍了多站融合变电站方案评价方法。本章内容有助于读者对多站融合变电站项目形成全面认识。

第一节 多站融合理念

我国电力部门在充分利用变电站资源、挖掘服务潜力方面开展了部分探索，如国网上海市电力公司依托上海能源互联网研究院，通过将变电站、储能站、数据中心站融合建设开展了特大城市空间紧约束条件下的"三站合一"研究。但现有技术难以适应用户的多样化供电及用能需求，尤其是在提高用能效率和多样性等方面仍有较大提升空间。因此，变电站向综合能源站转型的技术演进路线及设计技术研究具有十分重要的意义。国家电网公司全面贯彻落实总书记重要指示精神和党的十九大工作部署，2020 年将"具有中国特色国际领先的能源互联网企业"确立为公司战略目标。"多站融合"作为能源互联网实施落地的重要应用之一，将变电站、边缘数据中心站、充电站、储能站等资源进行汇聚，优化城市资源配置，提升数据感知、分析运算效率，进行负荷就地消纳。

通过变电、储能、光伏、充换电站等的物理及逻辑融合，将传统变电节点构建为具备源、网、荷、储等特征的能量双向有序流动的综合能源系统，协调全网统一潮流流向，执行潮流红绿灯控制，实现发电与用户之间供需动态平衡，支撑区域电网安全运行。有三站合一、四站合一及五站合一等不同融合方式的多站融合变电站。

典型三站合一融合系统模型如图 7-1 所示，它提倡利用变电站闲置电力配置、通信网络及土地供应资源，汇聚数据中心站和储能电站，以优化城市资源配置，提升数据感知、分析运算效率，进行负荷就地消纳，实现一体化运营。考虑各变电站供电负荷差异、典型用电时段差异、电价政策差异以及土地资源限制等因素，在保证变电站供电安全性的前提下，以成本最小化为目标，在不同配置的变电站建设不同规模的边缘数据中心。数据处理任务遵循一定策略以在多个数据中心间进行分配迁移，实现互补调度。传统数据中心一般配备储能系统作为后备电源，在市电中断时为数据中心供电，一般储能电站预留 30min 数据中心正常工作的电量。

随着我国新基建的发展，为了实现低碳发展的理念，电动汽车充电站大量接入综合能源系统中，在如图 7-1 所示的典型三站合一融合系统中接入电动汽车充电站，可以得到典型的四站合一综合能源系统模型，如图 7-2 所示。

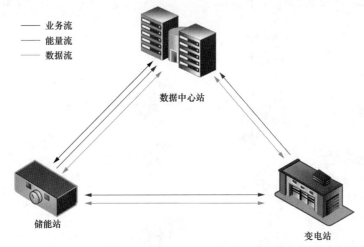

图 7-1　典型三站合一融合系统模型

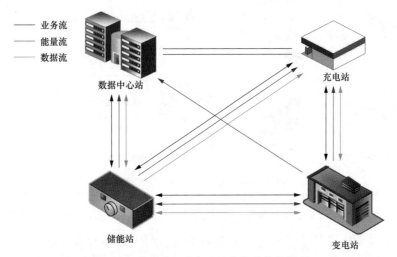

图 7-2　典型的四站合一综合能源系统模型

图 7-3 所示为典型的多站融合系统结构，系统约束包括电功率平衡约束、联络线电约束、设备运行约束。

融合站多能源流互动耦合为

$$\begin{bmatrix} y_1 + s'_1 \\ y_2 + s'_2 \\ y_3 + s'_3 \end{bmatrix} = \begin{bmatrix} a_{11} & a_{12} & a_{13} \\ a_{21} & a_{22} & a_{23} \\ a_{31} & a_{32} & a_{33} \end{bmatrix} \cdot \begin{bmatrix} x_1 + s_1 \\ x_2 + s_2 \\ x_3 + s_3 \end{bmatrix} \tag{7-1}$$

式中　x_1、x_2、x_3——分别为融合站产生的电、热、冷；

　　　y_1、y_2、y_3——分别为换能后的电、热、冷；

　　　s_1、s_2、s_3——分别为融合站换能前储存的电、热、冷；

s_1'，s_2'，s_3'——分别为融合站换能后储存的电、热、冷；

$a_{11}\cdots a_{33}$——融合站能量转换系数。

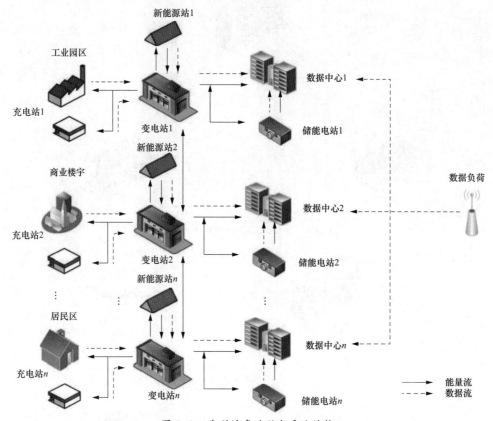

图 7-3　典型的多站融合系统结构

融合站中的产能主要为电、冷、热，电即电能，主要是新能源站通过风机和光伏产生的；热主要是新能源站中的热量、变电站中热泵产生的热量以及各子站大功率设备产生的热量；冷主要是变电站、数据中心站、5G 基站以及储能站中的电制冷机和吸收式制冷机产生的。

融合站中的换能主要是电、热、冷之间的转换，如式（7-1）所示，融合站产生的电、热、冷在各子站中流动会发生变化转化成另一种形式的能，产生的能量 x_1、x_2、x_3 转换成另一种形式的能量 y_1、y_2、y_3，用转换系数 a_{ii} 来表示。

融合站中的蓄能为将融合站中的能量储存起来，包括储能站中储存的电能、制冷机中制造的冷和蓄热装置中产生的热。融合站将产生的能量以多种方式储存起来，一方面通过数据中心站的指令对能量实时利用，另一方面可以解决突发能量短缺问题。

融合站中的用能为 3 种能的充分有效利用，主要是新能源站产生的电能在商业领域、居民生活、交通上的合理利用以及热负荷和冷负荷的综合利用。

融合站中产能是系统内能量的来源，换能是能源之间的变换，蓄能是能源的存储，用能是能源的消费。式（7-1）中，产能是 x_1、x_2、x_3，整个式子表示的是换能，即从产生的能源经过转换变成另一种形式的能源 y_1、y_2、y_3，变换之前的蓄能为 s_1、s_2、s_3，换能之后的蓄能为 s_1'、s_2'、s_3'，最后把产生的能量和换能后的能量加以利用。

多站融合多能源流互动耦合可以充分利用当地的清洁可再生能源，实现多能源互补式利用，供电方面可有光伏发电、风力发电等，不仅提高了能源供给的可靠性，而且系统选择更加灵活，更好地实现当地资源特色和用户需求特点的完美结合。

第二节 多站融合案例简介

国网安宁桃树村多站融合项目在传统变电站的基础上，融合建设数据中心站、充换电站、储能站、5G基站、北斗基站、光伏站等，通过深挖变电站资源价值，对内支撑坚强智能电网业务，对外培育电力物联网市场，推进共享型企业建设。

"源网荷"互动架构如图7-4所示。综合市场需求、技术成熟度、资源匹配度等因素，数据中心站最具规模化发展前景，可形成靠近电力公司的边缘计算资源，是电力物联网建设的必备数字基础设施。该多站融合项目遵循开放合作，共建共赢的建设原则，通过修改通用设计对原站进行合理改造，使原本需要5处选址的建筑用地压缩在同一空间，极大地

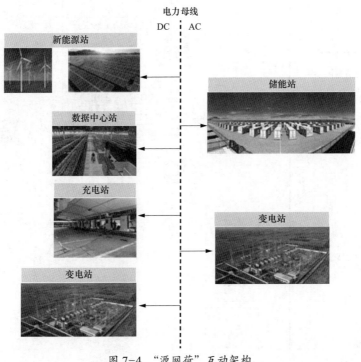

图7-4 "源网荷"互动架构

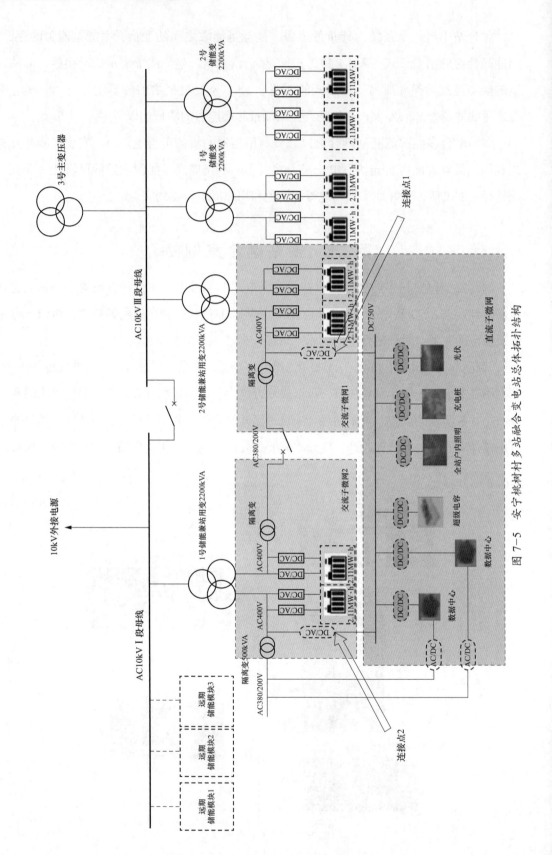

图 7-5 安宁桃树村多站融合变电站总体拓扑结构

节约了土地资源。创新打出"充电站 + 数据中心 + 光伏储能"并配套 5G 基站的"组合"，为建设"新基建"示范项目和拓展综合能源服务提供数字动力、不断释放经济增长潜力。安宁桃树村多站融合变电站总体拓扑结构如图 7-5 所示。该项目占地约 5799m²，共设 120kW 直流充电桩（一机两充）23 个，共计 46 把充电枪，可同时为 46 辆新能源汽车充电；分布式光伏发电 184.62kW·h，采用自发自用余电上网模式，基本可以实现 100% 全消纳；500kW·h 储能站一座，在光伏发电容量无法满足充电桩需求时放电提供所需电能，以及 5G 通信基站及大数据中心站 1 座。

第三节　多能源系统方案优化

该项目结合周边负荷现状及未来规划，以当地大数据中心为核心，规划建设 $2 \times 63MVA$ 的 110kV 智能变电站、10MW/20MW·h 储能站、120kW 一体化大功率直流充电桩 75 台、1640kW 分布式光伏电站、10 个边缘数据中心。根据多站融合项目建设规模，该项目建设投资 8643 万元，其中边缘数据中心投资 50 万元、储能站投资 5995 万元、充电设施投资 1600 万元、分布式光伏电站投资 998 万元。项目运营期为 10 年，营业收入包括储能站峰谷购售电价差和调峰调频收入 4898 万元；分布式光伏电站以平均日照小时数 1400h，发电效率逐年降低 2% 测算营业收入 1575 万元；充电站以日均充电车辆 400 辆，充电服务费 0.45 元 /kW·h 的标准测算营业收入 3260 万元；边缘数据中心以 50 面机柜，开通率由运营初期 60% 逐年增至 100% 测算营业收入 2730 万元。综上，该项目总营业收入 12463 万元，运营成本约 1717 万元，考虑到项目回收前期建设投资 8643 万元，运营期结束后项目净收益 2103 万元，投资回收期为 8.1 年，具有较高的投资经济性。

对于运营期，应制定分阶段的运营思路。运营初期，可在投资少、见效快、条件成熟的区域开展多站融合试点，并基于变电站新建或改造需求优先建设边缘数据中心站、充换电（储能）站和 5G 通信基站，面向政府和各类企业提供多样化服务。面向政府侧，基于公安、城管等委办局专业化监控、监测设备的安装需求，通过多站融合建设可提供电力场站及杆塔沟道租赁、监控监测设备安装及一体化运维等服务，相应收取基础设施租赁费、设备安装费及运维费；面向企业侧，基于通信运营商、铁塔公司的 5G 基站布点需求及互联网企业的业务布局需求，通过多站融合建设可提供电力场站及杆塔沟道租赁服务、5G 设备安装及运维服务、边缘数据中心机柜租赁服务、充换电站售电服务、储能站售电及电网调峰调频等辅助服务，相应收取基础设施租赁费、5G 设备安装费和运维费、机柜租赁费、充换电服务费、储能售电及辅助服务费等。

运营步入成熟期后，多站融合进行全面推广及应用，并面向政府侧和企业侧提供深入业务的数据增值服务，支撑智慧城市、工业互联网及智能家居等的建设和应用。可以通过展示变电站辅控、无人机巡检等电网边缘应用以及云视频、云游戏、工业互联网和AI视频监控等商业化边缘应用的成效，引领客户实际感知建设多站融合运营平台的商业价值和开展联网运营的重要意义。

该项目以目前智能变电站建设的评价指标体系为基础，综合考虑储能电站、数据中心、电动汽车充放电站、5G基站等站点的评价指标模型，建立了面向多站融合转型的综合评价指标体系。本章首先给出各站点各自的综合评价指标，然后给出了多站融合转型评价指标体系和相应的算例分析。

一、电力系统一次侧

1. 220kV 接入系统方案

根据株洲城区电力设施布局规划，在饱和负荷下，河东城区需220kV变电容量9400MVA，共有11个220kV布点，除现已建成变电站外，新增站点均按4台主变压器进行预留，故白关变电站终期主变压器容量按 4×240MVA 预留。

将云田～团山220kV线路和桂花～团山220kV线路π接入白关220kV变电站，形成白关～团山220kV双回线路、白关～桂花220kV单回线路及白关～云田220kV单回线路。

2. 110kV 接入系统方案

在白关220kV变电站投产前，其周边110kV变电站包括现有的月形山变电站、东湖变电站、杨家岭变电站、南华变电站、坚固变电站、晏家湾变电站和三三一专用变电站，以及规划新建的高家坳110kV公用变电站和六〇八、南航两座110kV专用变电站。

3. 10kV 出线设计方案

白关220kV变电站为城区变电站，位于株洲芦淞区，为城市发展规划的重点方向，其周边有航空服饰城，10kV负荷将较大，因此设计工程10kV出线14回，远景按每台主变压器14回10kV出线考虑。

二、电力系统二次侧

1. 系统继电保护及安全自动装置

220kV本期出线4回，至团山2回，桂花、云田各1回，上述4回线路两侧均配置双套光纤电流差动保护，每套保护均具有双通道，均采用1路专用光纤芯及1路复用2Mbit/s接口的光纤通道。110kV本期出线8回，每回线路的本侧均配置1套光纤电流差动保护。

该站暂态录波单元按电压等级和网络配置，主变压器配置单独的故障录波。全站配置 2 套主变压器故障录波装置、2 套 220kV 故障录波装置及 1 套 110kV 故障录波装置。该站配置 1 套低频低压减载装置，当系统电压或频率降低时，用于减 10kV 负荷。根据系统一次稳定计算结果，相关线路故障不会引起主网系统稳定问题，故本站不需要配置安全稳定控制装置。

2. 调度自动化

该变电站二次系统采用自动化系统，调控设备的配置结合变电站自动化系统统一考虑。确保电力系统实时动态监测系统（WAMS）的可靠应用，提高电力系统动态安全稳定水平，进一步加强电力系统调度中心对电力系统的动态稳定监测和分析能力，本站配置一套同步相量测量（PMU）装置，双主机配置。

3. 系统通信

为满足国家电网公司 SG186 工程的建设，考虑该站配置数据通信网络接入设备 1 套（含路由器 + 交换机各 1 台、48 口网络配线架及辅助材料等）。根据相关规定，在各级调度中心调度电话、远动信息传送应设立两个及以上不同路由的独立通道，以满足通信的可靠性要求。

三、储能站

为最大程度响应系统调峰需求，减少储能电池与大电网之间转换环节，白关站 4 个储能模块全部挂在交流侧。为充分利用储能双向变压器，优化常规站用变压器，将其中 2 个储能模块挂在交直流混联微电网 380V 交流侧，融合储能变压器兼做站用变压器，用电低谷时，微电网负荷由变压器供带，同时将变压器剩余容量为电池充电；高峰时段，微电网切换电源，由储能电池供带微电网负荷，在减少下网电量同时，将电池剩余容量通过变压器向电网侧放电，实现削峰填谷。

另外 2 个模块通过逆变升压挂在 10kV 交流母线侧，高峰时段直接向 10kV 交流侧输送功率，储能站接线如图 7-6 所示。

本站升压变容量为 2200kVA，配置相间短路两段式电流保护、反时限过流保护、过负荷保护、接地短路两段式零序电流保护。采用保测一体装置，安装于升压逆变一体仓内。

四、充电站

白关智慧能源站远期按 14 个快速直流充电桩位置预留，建设 120kW 直流快充桩 10 个。充电站的布置位置应考虑最利于对外营运的位置，故考虑将充电站布置在能源站西

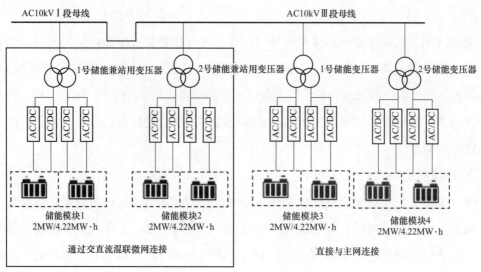

图 7-6　储能站接线

南侧，进站道路直接引接。从安全性考虑，充电站布置在站区西南部，通过防火安全距离实现与变电站的防火分区。

充电站采用 1 路三相五线制 380V 电源接入，设进线断路器、接触器和 C 级防雷器，将交流电能分配至各用电设备，保证设备的安全运行。

充电时，功率变换单元通过 1 台 60kW AC/DC 双向储能变流器将交流电能整流后，输入 2 台 30kW DC/DC 直流充放电模块，最终通过充电连接器为电动汽车充电。

充放电机采用 1×60kW AC/DC 变换装置，实现对车辆的智能充放电功能，交流侧可输出电压为 AC380V±15%，频率为 47.5～51.5Hz 的交流电能。

五、分布式光伏

考虑到安装位置、遮挡、全寿命周期度电成本，本项目使用当前先进的单晶 PERC 电池技术以及半片技术 M6 双面组件，该组件可以最大限度的增加有效布置面积的发电出力，并具有良好的温升控制、衰减特性、弱光特性和遮挡时出力特性，同时由于组件超高的效率可以显著降低分布式光伏子系统的 BOS 成本。

本工程规划在配电综合楼屋顶、数据中心屋顶、储能集装箱顶部、停车棚布置单块容量为 425Wp 的 72 片单晶硅组件。共安装组件 1244 块，装机容量 503.2kW。各屋顶组件装机容量见表 7-1。

根据融合站各子站间的产能、换能、蓄能、用能等能源和信息相互依赖关系设计了一个多站融合综合能源服务系统规划设计模型，保证系统在经济性运行的同时，提升系统的供电可靠性。

表 7-1　　　　　　　　　　　　　　各屋顶组件装机容量

建筑物	组串 （16 块一串）	425W 单晶 / 块	容量 /kW	50kW 变流器	9 路直流汇流箱	8 路直流汇流箱
综合楼	24	384	163.2	3	0	3
数据中心楼	18	288	122.4	2	2	0
集装箱	8	128	54.4	1	0	1
停车棚	6	96	40.8	1	0	1
地面	18	288	122.4	2	2	0
汇总	74	1244	54.4	9	4	5

第四节　多站融合变电站方案评价

一、多站融合变电站综合评价指标

通过全方位调研示范工程，梳理不同形式、不同环境、不同地域的智能变电站在设计、设备、运维、调试中存在的问题并提炼技术成果和评价指标，提出科学的工程技术与经济综合评价指标，指标的选取细化为设计、调试、运行、设备四大类因素。

智能变电站设计指标在节约占地面积、节约建筑面积、节约材料耗量、节约建设周期、提高可靠性程度等方面进行量化评估，形成设计类指标 7 个；智能变电站设备指标以隔离断路器、电子式互感器、站域保护控制装置、预制舱为设备技术评价的核心点，针对设备的长期稳定运行能力、可用系数、强迫停运率等方面进行量化评估，形成设备类指标 8 个；智能变电站调试指标重点关注二次系统的调试情况，以站域保护控制装置、电子互感器的调试内容为核心，针对全站电气二次安装工期、二次系统调试工期、二次装置精度等方面进行量化评估，形成调试类指标 7 个；智能变电站运维指标主要反映运维人员对新技术、新设备的适应能力，形成运维类指标 4 个。多站融合转型综合评价指标体系如图 7-7 所示。这里的"综合"体现的是综合了多种类型站（变电站、储能站、数据中心站等）的相关指标，突出评估多种类型站融合后的效果，通过综合考虑多种类型站的评价指标，从三个角度运行、效率、建设等方面评价融合效应。

1. 多站融合变电站站房设计指标

（1）占地面积优化率。计算公式为

$$占地面积优化率 = \frac{通用设计围墙内占地面积 - 变电站围墙内占地面积}{通用设计围墙内占地面积} \times 100\% \quad (7-2)$$

占地面积优化率反映变电站占地面积的优化程度。以通用设计变电站围墙内占地面积为基准值，将变电站围墙内占地面积相对基准值的减少量占基准值的百分比作为占地

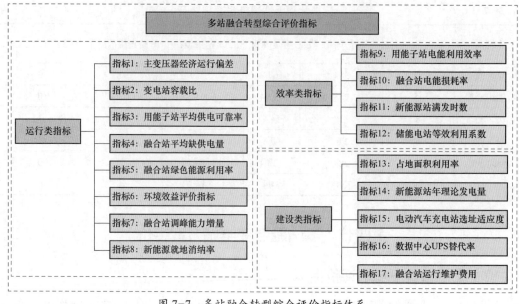

图 7-7　多站融合转型综合评价指标体系

面积优化率。占地面积优化率越大，变电站围墙内占地面积越小。通用设计围墙内占地面积（基准值）指变电站按照原有智能变电站通用设计方案进行设计时变电站围墙内的占地面积大小，不同变电站之间有所区别。

（2）建筑面积优化率。计算公式为

$$建筑面积优化率 = \frac{通用设计围墙内建筑面积 - 变电站围墙内建筑面积}{通用设计围墙内建筑面积} \times 100\% \quad (7-3)$$

建筑面积优化率反映变电站围墙内建筑面积的优化程度。以通用设计变电站围墙内建筑面积为基准值，取变电站围墙内建筑面积相对基准值的减少量占基准值的百分比为建筑面积优化率。建筑面积优化率越高，变电站围墙内建筑面积越小。通用设计围墙内建筑面积（基准值）指变电站按照原有智能变电站通用设计方案进行设计时变电站围墙内的建筑面积，不同变电站之间有所区别。

（3）投资回收率。计算公式为

$$投资回收率 = \frac{站容量 \times 负载率 \times 电价利润 \times 年运行时间 - 年运检费用}{静态总投资} \times 100\% \quad (7-4)$$

变电站投资回收率反映变电站的经济效益情况。取变电站第一年运行的经济效益扣除变电站年运检费用后，结果占变电站静态总投资的百分比作为变电站的投资回报率。变电站第一年运行的经济效益由变电站容量与负载率、电价利润、变电站年运行时间三者相乘计算得到。变电站年运检费用包括停电检修损失和人工费用。变电站的投资回报率越高，则变电站的效益越好。上述数据可在变电站运行一年后，从调度运维处获得。

（4）电气主接线优化率。计算公式为

$$电气主接线优化率 = \frac{线路间隔纵向尺寸基准值 - 线路间隔纵向尺寸}{线路间隔纵向尺寸基准值} \times 100\% \quad (7-5)$$

电气主接线优化率反映主接线间隔尺寸的优化程度。取一主接线线路间隔纵向尺寸基准值，将实际的主接线线路间隔的纵向尺寸相对基准值的减少量占基准值的百分比作为电气主接线的优化率。电气主接线的优化率越高，优化后线路间隔的纵向尺寸越小。线路间隔纵向尺寸定义为道路中心线至围墙的距离。线路间隔纵向尺寸与变电站和主接线的电压等级相关。

（5）电缆耗量优化率。计算公式为

$$电缆耗量优化率 = \frac{通用设计二次电缆耗量 - 变电站二次电缆耗量}{通用设计二次电缆耗量} \times 100\% \quad (7-6)$$

节约变电站电缆耗量反映变电站电缆使用的优化情况。选取通用设计变电站二次电缆耗量为基准值，将变电站二次电缆耗量相对基准值的减少量占基准值的百分比作为电缆耗量优化率。电缆耗量优化率越高，优化后变电站的电缆耗量越小。通用设计二次电缆耗量（基准值）指变电站按照原有智能站通用设计方案进行设计时，其二次系统中电缆的使用量，该值与变电站具体的二次系统规模、布置情况等相关。

（6）光缆耗量优化率。计算公式为

$$光缆耗量优化率 = \frac{通用设计二次光缆耗量 - 变电站二次光缆耗量}{通用设计二次光缆耗量} \times 100\% \quad (7-7)$$

节约变电站电缆耗量反映变电站电缆使用的优化情况。选取通用设计变电站二次电缆耗量为基准值，将变电站二次电缆耗量相对基准值的减少量占基准值的百分比作为电缆耗量优化率。电缆耗量优化率越高，优化后变电站的电缆耗量越小。通用设计二次光缆耗量（基准值）指变电站按照原有智能站通用设计方案进行设计时，其二次系统中光缆的使用量，该值与变电站具体的二次系统规模、布置情况等相关。

（7）年停电的平均时间降低幅度。计算公式为

$$年停电的平均时间降低幅度 = \frac{常规断路器方案时间值 - DCB方案时间值}{常规断路器方案时间值} \times 100\% \quad (7-8)$$

年停电的平均时间降低幅度反映变电站年停电的平均时间的优化程度。选取常规断路器方案年停电的平均时间作为基准值，将采用数据中心桥接（Data Center Bridging，DCB）方案的变电站年停电的平均时间相对基准值的减少量占基准值的百分比作为年停电的平均时间降低幅度。年停电的平均时间降低幅度越大，优化后的方案年停电的平均

时间越小。年停电的平均时间指系统一年中发生全所故障的期望平均停电持续时间，单位为 h/ 年。常规断路器方案年停电平均时间（基准值）随变电站以及主接线的电压等级不同而不同。

2. 多站融合变电站设备评价指标

（1）DCB 拒动故障率。计算公式为

$$\text{DCB拒动故障率} = \frac{\text{DCB拒动次数}}{\text{DCB年动作次数}} \times 100\% \tag{7-9}$$

DCB 拒动率反映 DCB 拒动故障的可能性。取全站 DCB 年拒动次数与全站 DCB 年动作次数比值的百分比为 DCB 拒动率。DCB 拒动率越大，DCB 每次动作出现拒动故障的可能性越大。

（2）DCB 误动故障率。计算公式为

$$\text{DCB误动率} = \frac{\text{DCB误动次数}}{\text{DCB年动作次数}} \times 100\% \tag{7-10}$$

DCB 误动率反映 DCB 误动故障的可能性。取全站 DCB 年误动次数与 DCB 年动作次数比值的百分比为 DCB 误动率。DCB 误动率越大，DCB 出现误动故障的可能性越高。

（3）电子式电流互感器（ECT）运行稳定性。计算公式为

$$\text{ECT运行稳定性} = \frac{\text{ECT无故障最长连续运行时间}}{\text{ECT年运行时间}} \times 100\% \tag{7-11}$$

ECT 运行稳定性反映 ECT 的长期稳定运行能力。取全站 ECT 年无故障最长连续运行时间与 ECT 年运行时间比值的百分比作为 ECT 运行稳定性。ECT 运行稳定性越大，ECT 保持长期稳定运行的能力越好。

（4）站域保护控制系统功能集成度。计算公式为

$$\text{保护控制系统功能集成度} = \frac{\text{站域保护控制系统实集成功能数量}}{\text{站域保护控制系统应集成功能数量}} \times 100\% \tag{7-12}$$

保护控制系统功能集成度反映站域保护控制系统的功能集成情况。取站域保护控制系统实际集成功能数量与站域保护控制系统应集成功能数量比值的百分比为保护控制系统功能集成度。应集成的功能包括 110kV 线路冗余保护、110kV 失灵保护、低压简易母线保护、低周低压减载、站域备自投、主变压器过载连切、母联 / 分段过流保护、加速主变压器低压侧过流保护。本次项目研究的指标计算过程中，站域保护控制系统应集成功能数量个数为 8 个。

（5）主变压器强迫停运率。计算公式为

$$主变压器强迫停运率 = \frac{强迫停运小时}{强迫停运小时 + 运行小时} \times 100\% \qquad (7-13)$$

主变压器强迫停运率定义为强迫停运小时占强迫停运小时与运行小时和的百分比。主变压器强迫停运率不大于 100%，其值越大，则主变压器出现强迫停运的时间越长。

（6）DCB 强迫停运率。计算公式为

$$DCB强迫停运率 = \frac{强迫停运小时}{强迫停运小时 + 运行小时} \times 100\% \qquad (7-14)$$

DCB 强迫停运率定义为强迫停运小时占强迫停运小时与运行小时和的百分比。DCB 强迫停运率不大于 100%，其值越大，则 DCB 出现强迫停运的时间越长。

（7）ECT 强迫停运率。计算公式为

$$ECT强迫停运率 = \frac{强迫停运小时}{强迫停运小时 + 运行小时} \times 100\% \qquad (7-15)$$

ECT 强迫停运率定义为强迫停运小时占强迫停运小时与运行小时和的百分比。ECT 强迫停运率不大于 100%，其值越大，则 ECT 出现强迫停运的时间越长。

（8）主变压器可用系数。计算公式为

$$主变压器可用系数 = \frac{运行小时+备用小时}{统计期间小时} \times 100\% \qquad (7-16)$$

主变压器可用系数定义为运行小时与备用小时和占统计期间小时的百分比。统计期间小时指该设备统计时间段的总小时数，包括运行小时，备用小时和不可用小时。

3. 多站融合变电站系统调试指标

（1）电气二次安装周期缩减率。计算公式为

$$电气二次安装周期缩减率 = \frac{安装工期基准值 - 本工程安装工期}{安装工期基准值} \times 100\% \qquad (7-17)$$

电气二次安装周期缩减率反映变电站电气二次安装工期的优化情况。按不同电压等级选取一个电气二次安装工期基准值，将本工程电气二次安装工期相对基准值的减少量占基准值的百分比作为电气二次安装周期缩减率。电气二次安装周期缩减率越大，工程电气二次安装工期越小。安装工期基准值随变电站电压等级的不同而不同。

（2）变电站二次系统调试周期缩减率。计算公式为

$$二次系统调试周期缩减率 = \frac{调试工期基准值 - 本工程调试工期}{调试工期基准值} \times 100\% \qquad (7-18)$$

变电站二次系统调试周期缩减率反映变电站二次系统调试工期的优化情况。按不同

电压等级选取一个调试工期基准值，将本工程调试工期相对基准值的减少量占基准值的百分比作为变电站二次系统调试周期缩减率。变电站二次系统调试周期缩减率越大，工程二次系统的调试工期越小。二次系统调试工期基准值与电压等级相关，110kV 变电站二次系统调试工期的基准值为 70 天，而 220kV 变电站二次系统调试工期的基准值为 110 天。

（3）站域保护控制系统简易母线保护动作值实际误差与基准允许误差比。计算公式为

$$动作值实际误差与基准允许误差比 = \frac{实际设备的动作值误差}{动作值允许误差基准} \times 100\% \quad (7-19)$$

动作值实际误差与基准允许误差比定义为实际设备的动作值误差与动作值允许误差基准的比值。动作值误差基准为 ≤5%，实际值与基准值的比值 ≤1 为合格。

（4）站域保护控制系统简易母线保护动作时间实际误差与基准允许误差比为

$$动作时间实际误差与基准允许误差比 = \frac{实际设备的动作时间误差}{动作时间允许误差基准} \times 100\% \quad (7-20)$$

动作时间实际误差与基准允许误差比定义为设备的实际动作时间误差与动作时间允许误差基准的比值。动作时间允许误差基准为 ≤40ms，实际值与基准值的比值 ≤1 为合格。

（5）ECT 输出绝对延时为

$$ECT输出绝对延时 = \frac{实际设备的输出绝对延时}{输出绝对延时基准} \times 100\% \quad (7-21)$$

ECT 输出绝对延时定义为实际设备的输出绝对延时与输出绝对延时基准的比值。输出绝对延时指 ECT 的一次输入至合并单元输出的时延。输出绝对延时基准为 ≤2ms，实际值与基准值的比值 ≤1 为合格。

4. 多站融合变电站运维指标

（1）变电站二次设备定检周期缩减率。计算公式为

$$二次设备定检周期缩减率 = \frac{年定检时长基准值 - 本站年定检时长}{年定检时长基准值} \times 100\% \quad (7-22)$$

二次设备定检周期缩减率反映变电站二次设备定检周期的优化情况。选取一个二次设备年定检时长基准值，将本站二次设备年定检时长相对基准值的减少量占基准值的百分比作为二次设备定检周期缩减率。二次设备定检周期缩减率越大，本站二次设备年定检时长越短。

（2）DCB 缺陷消除完成率。计算公式为

$$DCB缺陷消除完成率 = \frac{已消除缺陷个数}{可消除的缺陷个数} \times 100\% \qquad （7-23）$$

DCB 消缺完成率反映 DCB 的缺陷消除情况，定义为已消除缺陷个数占可消除的缺陷个数的百分比。DCB 消除完成率越高，DCB 缺陷的消除情况越好。

（3）ECT 缺陷消除完成率。计算公式为

$$ECT缺陷消除完成率 = \frac{已消除缺陷个数}{可消除的缺陷个数} \times 100\% \qquad （7-24）$$

ECT 消缺完成率反映 ECT 的缺陷消除情况，定义为已消除缺陷个数占可消除的缺陷个数的百分比。ECT 消除完成率越高，ECT 缺陷的消除情况越好。

（4）站域保护控制系统缺陷消除完成率。计算公式为

$$站域保护控制系统缺陷消除完成率 = \frac{已消除缺陷个数}{可消除的缺陷个数} \times 100\% \qquad （7-25）$$

站域保护消缺完成率反映站域保护的缺陷消除情况，定义为已消除缺陷个数占可消除的缺陷个数的百分比。站域保护消除完成率越高，站域保护缺陷的消除情况越好。

二、多站融合变电站数据中心综合评价指标

在对比分析美国 LEED V4 OM 体系和国内《绿色建筑评价标准》（GB/T 50378—2019）体系的基础上，构建出数据中心综合评价体系框架。包括能源利用指标 5 个、水资源利用指标 3 个以及材料资源利用指标 3 个。

1. 多站融合变电站能源利用指标

（1）电能利用效率。电能利用效率（Power Usage Effectiveness，PUE）是由绿色网格组织提出的目前最被广泛接受的能效指标，根据 Gartner 的研究分析报告，截至 2015 年，已经有 80% 的新建数据中心接受了这一能效评估指标。PUE 是评价数据中心能源效率的指标，是数据中心消耗的所有能源与 IT 负载消耗的能源的比值，数据中心总能耗包括 IT 设备能耗和制冷、配电等系统的能耗。由于 IT 设备的功耗是被包括在场址的总功耗之中的，因而必然有 PUE ≥ 1。PUE 的值越接近 1 表明非 IT 设备耗能越少，即能效水平越高。PUE 的具体计算公式为

$$PUE = \frac{\sum P_T}{\sum P_{IT}} \qquad （7-26）$$

式中　P_T——数据中心整个场址的总能耗；

　　　P_{IT}——IT 设备的功耗。

（2）能源循环使用率。能源循环使用率（Energy Reuse Factor，ERF）是标识被回收和导出以便计算在数据中心之外使用的能源量的指标。数据中心总有余热，这是在内部设备电能转换成热能的过程中产生的。这些余热可以根据当地的情况以不同的方式再利用，比如供暖办公室的热需求和预热水等。PUE 的计算公式为

$$ERF = \frac{能量循环使用量}{数据中心用能总量} \qquad (7-27)$$

（3）绿色能源利用率。绿色能源利用率（Green Energy Coefficient，GEC）是一种量化设施能源中来自绿色能源和可再生能源比例的指标，是一种评估数据中心能源结构的方法。GEC 的计算公式为

$$GEC = \frac{绿色能源使用量}{数据中心用能总量} \qquad (7-28)$$

（4）制冷设备能耗。制冷设备的能效特征主要按空调系统的能效比 EER 进行考量，按照以下规则给分：①空调按照其制冷量和冷源类型分类，能达到《公共建筑节能设计标准》（GB 50189—2015）中最低指标 EER_{min} 的得 3 分；②空调的能效比 EER 在最低能效比 EER_{min} 的基础上每提升 0.5% 额外再加 1 分，当提升达到或超过 5% 的额外加 10 分。

（5）IT 设备负荷。IT 设备，尤其是 CPU 即使没有负载仍然会消耗很大一部分电能，因而对于 IT 设备而言，对于 IT 设备而言，提高其能源使用效率的最优途径是合理配置使得其获得尽量高的 CPU 使用率。本部分总分 3 分，按照以下标准进行评分：①若数据中心的运营者未检测 CPU 的月平均使用率，则本部分得分直接为 0；②若数据中心对 CPU 的月平均使用率和峰值等均有检测，得 1 分，再按照 CPU 的月平均使用率进行额外加分。

2. 多站融合变电站水资源利用指标

（1）水资源利用率。水资源利用率（Water Usage Effectiveness，WUE）是 Green Grid 引入的一个度量指标，用于处理数据中心的用水情况。水资源主要用于数据中心设施的冷却、加湿、与设备相关的发电和能源生产等。水资源利用率是年度用水量与 IT 设备和服务器消耗的能源的比率，有

$$WUE = \frac{年度水使用量}{IT设备用电量} \qquad (7-29)$$

（2）供水系统。本指标共 2 分，按照以下两个标准分别给分并将结果进行累加：①使用密闭性良好的设备、阀门，并且运行过程中能提供用水计量情况和网管漏损检测和整改报告的，得 1 分；②给水系统无超压流出现象，即用水点水压不高于 0.20MPa 且

不低于需求的最低水压，则得 1 分。

（3）非传统水源利用。本指标总共 1 分，按照非传统水资源利用率 R_u 给分：① 当 $R_u \geqslant 10\%$ 时，得 0.5 分；② 当 $R_u \geqslant 30\%$ 时，得 1 分。非传统水源利用率的计算公式为

$$R_u = \frac{W_u}{W_t} \times 100\% \tag{7-30}$$

式中　W_u——非传统水资源的使用量；

　　　W_t——场址用水总量。

3. 多站融合变电站材料资源利用指标

（1）电子器件循环使用率。电子器件循环使用率（Electronics Disposal Efficiency, EDE）是一种用来评估以环保方式处理的电子器件所占百分比的指标。可定义为

$$EDE = \frac{可循环使用IT设备重量}{IT设备总重量} \tag{7-31}$$

（2）建筑节材。本部分总分 1 分，按照以下两个标准分别给分后再进行累加：① 优化建筑形体，建筑形体避免出现扭转不规则、凹凸不规则、楼板局部不连续、侧向刚度不规则、楼层承载力突变等不规则，得 0.5 分；② 建筑的土建与装修一体化设计，得 0.5 分。

（3）固体废弃物处理。本部分共 5 分，主要考查对基础建筑元素所产生的废弃物和对机械、电子垃圾的处理。本部分按照以下两个标准分别评分然后累加：① 对于建筑基本元素，由于场址维护或者更新产生的固体废弃物，若至少将其中的 70% 从填埋和焚烧处理中转移到其他更环保的处理途径中去，得 1 分；② 对于机械和电子垃圾，以更加对环境负责的态度去进行处理，这部分总分共 4 分。

三、多站融合变电站储能系统综合评价指标

1. 设备运行状态指标

（1）一般规定。储能电站设备运行状态指标包括电站非计划停运系数、可用系数、等效利用系数以及储能单元电池失效率、电池（堆）簇相对故障次数等。

储能电站含有多个储能单元时，应按各储能单元的额定功率加权平均统计计算储能电站的设备运行状态指标，并应符合《电化学储能电站设备可靠性评价规程》（DL/T 1815—2018）中的规定。

（2）储能电站非计划停运系数。储能电站非计划停运系数应为评价周期内储能电站非计划停运时间与统计时间的比值，即

$$UOF = \frac{UOH}{PH} \times 100\%$$　　　　（7-32）

式中　UOF——储能电站非计划停运系数；

　　　UOH——评价周期内非计划停运小时数；

　　　PH——评价周期内统计时间小时数，当评价周期为 1 年时，PH 取 8760。

（3）储能电站可用系数。储能电站可用系数应为评价周期内电站可用时间和统计时间的比值，即

$$AF = \frac{AH}{PH} \times 100\%$$　　　　（7-33）

式中　AF——储能电站可用系数；

　　　AH——评价周期内可用小时数；

　　　PH——评价周期内统计时间小时数，当评价周期为 1 年时，PH 取 8760。

（4）电站等效利用系数。储能电站等效利用系数应分别统计评价周期内各储能单元的等效利用系数，再按额定功率加权平均，即

$$EAF = \frac{1}{P} \sum_{i=1}^{N} P_i \times EAF_i$$　　　　（7-34）

式中　EAF——储能电站等效利用系数；

　　　P——储能电站额定功率；

　　　P_i——第 i 个储能单元的额定功率；

　　　EAF_i——第 i 个储能单元的等效利用系数。

$$EAF_i = \frac{E_{Ci} + E_{Di}}{P_i PH} \times 100\%$$　　　　（7-35）

式中　E_{Ci}——第 i 个储能单元在评价周期内的充电量；

　　　E_{Di}——第 i 个储能单元在评价周期内的放电量；

　　　P_i——第 i 个储能单元的额定功率。

（5）电站调度响应成功率。本指标描述电站评价周期内调度响应成功率，应为

$$\frac{调度正确响应次数}{总调度次数} \times 100\%$$　　　　（7-36）

（6）储能单元电池（堆）簇相对故障次数。电池（堆）簇相对故障次数应为评价周期内储能单元中电池（堆）簇故障次数与单元中总的电池（堆）簇数量的比值，即

$$RTOP = \frac{FTOP}{BPN} \times 100\%$$　　　　（7-37）

式中　RTOP——储能单元电池（堆）簇相对故障次数；

　　　FTOP——电池（堆）簇故障次数；

　　　BPN——单元中总的电池（堆）簇数量。

2. 多站融合变电站运维费用指标

（1）单位容量运行维护费。单位容量运行维护费应为评价周期内储能电站总运行维护费与电站额定功率之比，即

$$C_{kW} = \frac{C}{P} \tag{7-38}$$

式中　C_{kW}——单位容量运行维护费；

　　　C——评价周期内储能电站总的运行维护费；

　　　P——储能电站额定功率。

（2）度电运行维护费。

度电运行维护费是在评价周期内储能电站总运行维护费与电站上网电量之比，即

$$C_{kW \cdot h} = \frac{C}{E_{on}} \tag{7-39}$$

式中　$C_{kW \cdot h}$——度电运行维护费；

　　　C——评价周期内储能电站总的运行维护费；

　　　E_{on}——评价周期内储能电站的上网电量。

3. 多站融合变电站储能系统评价指标

电化学储能电站综合得分宜根据指标得分和相应权重系数计算，即

$$S = \sum_i k_i \times F_i \tag{7-40}$$

式中　S——储能电站综合评价得分；

　　　k_i——指标 i 所占权重，具体划分见表 7-2；

　　　F_i——指标 i 得分计算，标准见表 7-3。

表 7-2　　　　　　　　　权　重　划　分

序号	指标类别	具体指标	权重
1	能效水平（25%）	电站综合效率	47%
2		电站储能损耗率	25%
3		站用电率	14%
4		电站变配电损耗率	14%

序号	指标类别	具体指标	权重
5		电站非计划停运系数	11%
6		电站可用系数	11%
7	设备运行状态（50%）	电站等效利用系数	33%
8		电站调度响应成功率	33%
9		储能单元电池（堆）簇相对故障次数	12%
10	充放电能力（12.5%）	电站实际可充放电功率	50%
11		电站实际可放电量	50%
12	运维费用（12.5%）	单位容量运行维护费	50%
13		度电运行维护费	50%

表 7-3 　　　　　　　　　　　**指标 i 得分计算标准**

序号	评价指标	评价内容	满分分值	得分标准
1	电站综合效率	计算电站评价周期内联合能量效率	100	1. 综合效率不小于 90% 的，为满分； 2. 综合效率为 80% 的，得 90 分； 3. 综合效率为 70% 的，得 80 分； 4. 综合效率为 60% 的，得 70 分
2	电站储能损耗率	计算电站评价周期内的储能损耗率	100	1. 储能损耗率不大于 10%，记为满分； 2. 储能损耗率为 20% 的，得 95 分； 3. 储能损耗率为 30% 的，得 90 分； 4. 储能损耗率为 40% 的，得 85 分
3	站用电率	计算电站评价周期内站用电效率	100	1. 站用电率不大于 5% 的，为满分； 2. 站用电率为 10% 的，得 90 分； 3. 站用电率为 15% 的，得 80 分； 4. 站用电率为 20% 的，得 70 分
4	电站变配电损耗率	计算电站评价周期内的电站变配电损耗率		
5	电站非计划停运系数	计算电站评价周期内的非计划停运系数	100	1. 年非计划停运系数为 0 的，为满分； 2. 年非计划停运系数为 5% 的，得 90 分； 3. 年非计划停运系数为 10% 的，得 80 分； 4. 年非计划停运系数为 15% 的，得 70 分
6	电站可用系数	计算电站可用系数	100	1. 电站可用系数为 100% 的为满分； 2. 电站可用系数为 95% 的，得 90 分； 3. 电站可用系数为 90% 的，得 80 分； 4. 电站可用系数为 85% 的，得 70 分
7	电站等效利用系数	计算电站评价周期内等效利用系数	100	1. 电站等效利用系数不小于 95% 的，为满分； 2. 电站等效利用系数为 90% 的，得 90 分； 3. 电站等效利用系数为 85% 的，得 80 分； 4. 电站等效利用系数为 80% 的，得 70 分

续表

序号	评价指标	评价内容	满分分值	得分标准
8	电站调度响应成功率	计算电站评价周期内调度响应成功率	100	1. 调度响应成功率不小于99%的，为满分； 2. 调度响应成功率为98%的，得90分； 3. 调度响应成功率为97%的，得80分； 4. 调度响应成功率为95%的，得70分
9	储能单元电池（雄）簇相对故障次数	计算电站评价周期内储能单元电池（雄）簇相对故障次数		
10	电站实际可充放电功率	电站评价周期内的实际可放电功率与电站额定功率的比值	100	1. 不小于100%标识额定功率的为满分； 2. 90%标识额定功率的，得90分； 3. 80%标识额定功率的，得80分； 4. 70%标识额定功率的，得70分； 5. 60%标识额定功率的，得60分
11	电站实际可放电量	电站评价周期内的实际可放电量与电站额定能量的比值	100	1. 等于100%标识额定能量的，为满分； 2. 90%标识额定能量的，得90分； 3. 80%标识额定能量的，得80分； 4. 70%标识额定能量的，得70分； 5. 60%标识额定能量的，得60分
12	单位容量运行维护费	电站评价周期内的单位容量运行维护费		
13	度电运行维护费	电站评价周期内的度电运行维护费		

化学储能电站综合得分大于 90 分的为优级；得分为 80～90 分的为良级；得分为 70～80 分的为中级；得分为 60～70 分的为合格；得分低于 60 分的为不合格。

四、多站融合变电站光伏系统评价指标

根据广发系统特点，考虑经济性、安全可靠性及环境效益等，可以采用以下指标对光伏系统的综合效益进行计算评价。

1. 物理性能指标

（1）理论发电时数 Y_R。表示一段时间内，单位面积的光伏阵列倾斜面积总太阳辐射量与光伏电池阵列标准测试条件下的标准辐射度之比，也称为倾斜面峰值日照时数（单位为小时），其计算公式为

$$Y_R = \frac{H_A}{G_{STC}} \tag{7-41}$$

式中　H_A——一段时间内单位面积的光伏阵列倾斜面接收的总太阳辐射量，$kW \cdot h \cdot m^2$；

G_{STC}——标准辐射度，其值为 $1kW \cdot h \cdot m^2$。

（2）满发时数 Y_F。表示一段时间内光伏发电站实际发电量与光伏系统额定功率（标

称功率或峰值功率）之比，单位为 kW·h/kWp 或 h，其计算公式为

$$Y_R = \frac{E_{AC}}{P_0}$$ （7-42）

式中 E_{AC}——一段时间内光伏系统实际发电量，kW·h；

$\quad\quad P_0$——光伏系统额定功率，也即在标准测试条件下光伏阵列最大输出直流功率，

$\quad\quad$ kW。

（3）系统效率 PR。表示一段时间内光伏系统的满发时数与理论发电时数 Y_R 之比，与光伏阵列所在的地理位置、阵列倾角、朝向以及装机容量无关。PR 反映整个光伏系统的损失，包括低辐射度、高温、灰尘、积雪、老化、阴影、失配以及逆变器、线路连接、系统停机、设备故障等产生的发电损失。其计算公式为

$$PR = \frac{Y_F}{Y_R}$$ （7-43）

（4）系统能效比 η_e（%）。表示一段时间内，光伏发电系统最终发电量与光伏系统倾斜面接收的总辐射量之比，反映整个光伏系统对于单位入射辐射能量的最终利用效率，即

$$\eta_e = \frac{E_{AC}}{H_A S_A} \times 100\%$$ （7-44）

式中 S_A——光伏阵列的面积，m^2。

（5）容量因子 CF。表示一段时间内，光伏发电系统最终实际发电量与最大可能产出发电量（即光伏发电系统保持额定功率运行）之比，即

$$CF = \frac{E_{AC}}{P_0 \times 8760}$$ （7-45）

2. 经济效益评价指标

（1）单位发电成本。光伏电站的单位发电成本 C_{unit} 为

$$C_{unit} = \frac{C_{total}}{E_{total}}$$ （7-46）

式中 C_{total}——光伏电站年度发电总成本；

$\quad\quad E_{total}$——年度发电量。

（2）总投资收益率 ROI。总投资收益率表示总投资的盈利水平，其计算公式为

$$ROI = \frac{EBIT}{TI} \times 100\%$$ （7-47）

式中 EBIT——光伏电站年度息税前利润；

TI——光伏电站总投资，包括建设投资以及建设期贷款利息。

如果总投资收益率高于同行业的收益率参考值，则表明用总投资收益率表示的盈利能力满足要求。

（3）投资回收期（Pay Back Period，PBP）。投资回收期也称为返本期，是反映投资回收能力的重要指标，分为静态投资回收期和动态投资回收期，通常只进行静态投资回收期的计算。静态投资回收期是在不考虑资金时间价值的条件下，以技术方案的净收益回收期总投资所需要的时间，一般以年为单位，其计算公式如下

$$\sum_{t=0}^{PBP}(CI-CO)_t = 0 \tag{7-48}$$

式中　　CI——现金流入量；

　　　　CO——现金流出量；

$(CI-CO)_t$——第 t 年的净现金流量。

3. 环境效益评价指标

（1）煤炭资源效益。用光伏发电代替传统的火力发电，可以减少煤炭资源的消耗。因此，光伏发电具有较高的资源节约效益，可以采用煤炭资源税来计算

$$B_m(j) = \left(\sum_{i=1}^{365}E_{i,j}\right)V_m P_m \tag{7-49}$$

式中　　$B_m(j)$——第 j 年光伏发电的煤炭资源效益；

　　　　V_m——生产每 kW·h 电量所需的煤炭；

　　　　P_m——消耗每吨煤炭所需的资源税。

（2）水资源效益。据统计，燃煤火电机组采用不同冷却方式的耗水指标在 0.729～2.520kg/kW·h，与之相比，光伏发电可以节约大量的水资源。以燃煤发电耗水量计算光伏发电的水资源效益为

$$B_w(j) = \left(\sum_{i=1}^{365}E_{i,j}\right)V_w P_w \tag{7-50}$$

式中　　$B_w(j)$——当年光伏发电的水资源效益；

　　　　V_w——生产每 kW·h 电量所需的水量；

　　　　P_w——水的价格，元 /kg。

（3）减排效益。光伏发电可以大量减少 CO_2、SO_2、NO_x 和粉尘等污染物的排放，基于现有污染物排放收费标准来计算光伏发电的减排效益

$$B_P(j) = \left(\sum_{i=1}^{365}E_{i,j}\right)V_m \sum V_P(h)P_P(h) \tag{7-51}$$

式中　　$B_P(j)$——第 j 年光伏发电的减排效益；

$V_P(h)$、$P_P(h)$——分别为每燃烧 1t 标准煤所排放的第 h 种污染物排放量以及每单位污染物排放所对应的环境成本。

五、多站融合变电站不同方案综合评价结果对比

本节分别对以下两种融合方案进行多站融合运行模拟，并给出各自的综合评价指标的计算结果。由于两种方案的子站组合情况不同，因此多站融合转型收益的计算仅考虑两种子站组合情况下评价指标的交集。方案一为"变电站+数据中心+新能源站+储能站+电动汽车充电站"，方案二为"变电站+新能源站+储能站+电动汽车充电站"，具体的容量配置见表 7-4。

表 7-4　　　　　　　　　　　　　融 合 方 案 容 量 配 置

子站/设备	方案一	方案二
变电站	50MW	50MW
储能站	37.5MW（75MW·h）	37.5MW（75MW·h）
光伏	40MW	40MW
风机	40MW	40MW

评价指标计算结果见表 7-5，指标 9 和指标 13~17 依赖于实际工程建设和选址方案，其数据无法通过运行模拟进行获取，因此本算例中不做考虑。

表 7-5　　　　　　　　　　　　　评 价 指 标 计 算 结 果

指标	方案一	方案二
指标 1：主变压器经济运行偏差	27.26%	49.06%
指标 2：变电站容载比	1.18	2.59
指标 3：用能子站平均供电可靠率	99.72%	99.82%
指标 4：融合站年平均缺供电量	151.2MW·h	99.24MW·h
指标 5：融合站绿色能源利用率	29.03%	52.04%
指标 7：融合站调峰能力增量	37.5MW	37.5MW
指标 8：新能源就地消纳率	97.98%	86.19%
指标 10：融合站电能损耗率	16.01%	29.13%
指标 11：光伏满发时数	1516.1h	1420.8h
指标 12：储能电站等效利用系数	0.0788	0.1095
多站融合转型收益	0.5801	0.5307

由表 7-5 可知，相比于方案一，方案二的主变压器经济运行偏差从 27.26% 增长到了

49.06%，其原因如下。

（1）方案二没有集成数据中心，导致负荷总量减少。由于同样的原因，变电站容载比提升至 2.59，融合站年平均缺供电量降低至 99.24MW·h。

（2）负荷总量的降低会使得融合站对于新能源的消纳能力降低，因此新能源就地消纳率降低至 86.19%，光伏的满发时数降低至 1420.8h。对于融合站绿色能源利用率指标，一方面新能源就地消纳量降低，绿色能源消耗量减少；另一方面，负荷总量降低会使得融合站总能耗降低，因此融合站绿色能源利用率指标提升至 52.04%。

（3）负荷总量降低使得需要储能进行消纳的新能源发电量提升，储能充放电量增加，进而提高了储能的等效利用小时数以及提高了融合站电能损耗率。

从整体来看，方案一的多站融合转型收益为 0.5801，相较于方案二的 0.5307 略有提升，方案一的多站融合转型效果优于方案二。

第五节　案例策略要点小结

利用电力企业变电站资源，建设数据中心站、储能站、充（换）电站等功能站，全面承载电网业务数据，满足日益增长的数据存储、融通和增值运营需求，即"多站融合"，实现"能源流、业务流、数据流"三流合一。通过"多站融合"建设与运营，盘活现有变电站站址、通信、电力等优势资源，建立多站之间资源互为支撑体系，在实现站内低碳、绿色运行的同时，充分利用多站融合共享型能源、资源服务平台。同时，通过分布式新能源发电站、储能站的建设可降低弃风弃光率，促进新能源消纳，实现绿色低碳发展。

以"多站融合"衍生新生态，以充电站为运营平台，扩大综合服务辐射范围，为政府、企业、个人提供清洁能源服务的同时，提供信息通信云服务、大数据分析服务、综合配套服务等多种业务，对接运营商及 IT 用户需求，充分发挥变电站站址资源和电力可靠性供应等优势。基于云计算、大数据、物联网、人工智能、区块链等新一代信息技术，整合各类市场资源对变电站、充换电（储能）站、边缘数据中心站、5G 通信基站、北斗地基增强站、分布式新能源发电站、环境监测站等多站进行融合化建设和精准化运营，为能源用户、通信用户、电网企业及政府等其他市场主体提供多元化、互动化、定制化的服务，提高市场活力和经济发展驱动力。

在规划及建设阶段，为避免规划冲突、产权纠纷等问题，方便后期运营，应采用"统一规划、统一设计、特色化建设"的模式。由电网企业或其他电力基础设施产权单位依据电力场站、杆塔沟道资源情况，统筹平衡各站建设需求，对边缘数据中心站、充换电（储能）站、5G 通信基站、北斗地基增强站等在电力基础设施上的空间布局、配套供电系统等进行统一规划和设计。基于此，可由电网企业、多站投资主体、具有电力及信息通信等行业的跨行业融合化建设优势的机构，依据各站建设需求进行特色化建设。

　　站内架构是打造高效高质的站间及云边协同架构的有力基础保障。利用变电站间的多站分布式逻辑融合，在数据中心站层面，基于云计算技术的核心和边缘计算的能力，在边缘位置建立弹性云平台，与中心云和物联网终端形成"云边端三体协同"的端到端技术架构，把网络、存储、计算、智能化数据分析等工作放在边缘处理，使边缘计算满足本地需求的同时缓解带宽和云端数据压力，并通过实时加工为云端提供高价值数据。

第八章 变电站碳资产管理案例

本章从两个方面介绍了碳资产管理平台在浙江安吉新建城北 110kV 变电站的应用情况，一是对碳资产管理平台的主要特点及系统构成展开介绍，二是对基于碳资产管理平台的变电站生命周期碳排放评估方法展开介绍。本章内容为基于碳资产管理平台的变电站低碳化运营提供技术指导。

第一节 碳资产管理平台简介

基于数字孪生的变电站建造生命周期碳排放评估和碳资产管理平台是一种创新的数字孪生技术的应用，为满足国网湖州供电公司在实现低碳、绿色和可持续发展方面的要求而设计。该平台主要集中在变电站建设生命周期的碳排放评估和管理。

借助数字孪生技术，这个平台可以创建一个变电站的虚拟模型，反映出现实世界设施的精确副本。这使得我们可以实时地、无缝地跟踪和预测变电站的能源使用和碳排放，并进行详尽的分析。这种无缝的碳排放监测和分析为制定和执行具有针对性的节能降碳措施提供了科学依据。此外，通过对变电站的全生命周期的碳排放数据进行分析，该平台能够帮助国网湖州供电公司更好地理解和管理其碳资产，以实现其可持续发展的目标。

总的来说，城北 110kV 变电站碳资产管理平台是一个强大的工具，可以实现对变电站全生命周期的碳排放的精确控制，从而有效地推动零碳变电站的建设和运营。

一、变电站简介

城北 110kV 变电站是位于浙江安吉经济技术开发区中城北核心区的一座现代化、高效能、低碳排放的变电设施。这座变电站是国网湖州供电公司重点打造的零碳变电站试点工程，旨在实现绿色建设与低碳运营的可持续发展目标。城北变电站外观如图 8-1 所示。

城北 110kV 变电站地理位置优越，处于绕城北线和环岛东路交口的西北角，地处交通便利，供电区域覆盖范围广。本站设计主变容量为 $2 \times 50MVA$，包括站内全部一次及二次电气设备安装，站内生产及辅助生产建筑，以及站内供排水系统。

为了保障能源的有效使用和碳排放的减少，变电站在设计、建设和运营过程中，全面采用了低碳产品和零碳产品，运用高效设备和先进的管理方式，通过数字孪生的变电站建造生命周期碳排放评估和碳资产管理平台，对全站的能源消耗和碳排放进行全程的精准监控和管理。

图 8-1　城北变电站外观

城北 110kV 变电站秉持"品质工程，资源节约，环境友好"的原则，以绿色、低碳为目标，不断创新和优化运营管理，致力于实现可持续的能源发展，为当地社区提供稳定、可靠、绿色的电力供应。同时，该站也是示范和推广绿色、低碳电力系统的重要基地，为全球绿色电力的发展作出了积极的贡献。

二、平台简介

基于数字孪生的变电站建造生命周期碳排放评估和碳资产管理平台在变电站管理领域展示了创新与进步的标志。它利用了数字孪生技术，为管理和评估变电站全生命周期的碳排放提供了一个新的视角和策略。

平台采集并处理现场实时监控视频数据，同时结合先进的双目视觉算法，生成高度精准的变电站现场三维空间模型。这个模型实时动态地反映出变电站现场的实际情况，形成了物理现实在数字世界中的精确映射，为后续的数据分析和决策提供了丰富、及时、准确的信息。这种信息的提供方式，使得管理者能够更加深入地理解和掌握现场的实时状况，从而能作出更加科学合理的决策。

平台通过将实时生成的现场三维模型与设计阶段的变电站设计数据（如 GIM 三维标准文件）进行深度整合与比对。这种比对不仅能反映虚拟世界与现实世界的同步性，更重要的是，它能精确地识别和计算出数字孪生模型各个模块的碳排放或潜在碳排放量。这种精细化的碳排放计算方式，为后续的碳排放数据库建立提供了精确、翔实的基础数据，从而更好地指导变电站在建设与运营阶段实施有效的碳排放控制和管理策略。

在碳排放管理方面，该平台通过收集、整理和分析变电站的能源使用数据，形成了一套全面的碳资产数据库和全生命周期碳排数据库。这些数据不仅为变电站全生命周期的碳排放的精确评估和管理提供了科学的依据，而且也为企业提供了宝贵的信息资源，帮助它们更全面地理解和管理其碳资产，寻找和利用节能降碳的潜在机会。

另外，该平台运用了机器视觉技术，对施工机械、运输车辆、工人等活动碳排源进行了实时监控和统计。机器视觉技术能够精确地识别和追踪这些碳排源，对其数据进行详尽的统计和分析，从而准确地计算出各类活动的碳排放量，并发现潜在的节能降碳机会。

总的来说，基于数字孪生的变电站建造生命周期碳排放评估和碳资产管理平台是一种创新的碳管理系统，它充分利用了数字孪生技术、数据分析技术以及机器视觉技术，对变电站的全生命周期碳排放进行了深度和精细的管理，有力地推动了变电站的绿色建设和低碳运营。

第二节　系　统　架　构

基于数字孪生的变电站建造生命周期碳排放评估和碳资产管理平台由多个组件和系统组成，包括硬件设备和软件系统，旨在对整个变电站的碳排放的生命周期进行全面监控和管理。

一、硬件架构

基于数字孪生的变电站建造生命周期碳排放评估和碳资产管理平台的硬件架构非常关键，可以确保整个系统的稳定运行和有效数据处理。下面详细介绍每个模块。

1. 机器视觉模块

机器视觉技术在数字孪生的变电站建造生命周期碳排放评估和碳资产管理平台中起到了关键的作用。它在变电站的实时三维建模和环境感知方面有着独特的优势。通过收集和分析现场的视频和图像数据，机器视觉技术可以构建出精确的现场三维模型，为后续的数据比对和碳排放评估提供重要的基础。在现代的变电站管理中，机器视觉技术已经被广泛应用于实时工况监测、设备状态检测、环境变化监控等诸多方面，成为支持变电站绿色建设和低碳运营的重要技术工具。视觉采集模块如图8-2所示。

相机是机器视觉系统中的核心部件，是

图8-2　视觉采集模块

获取图像信息的部件，相机选择中主要考虑相机成像芯片的类型、相机的扫描方式、相机的分辨率、相机的成像范围以及相机的拍摄帧率等。目标工业领域中应用的相机根据成像芯片的类型不同可以分为 CCD（Charge Coupled Device）相机和 CMOS（Complementary Metal Oxide Semiconductor）相机两种。CCD 相机是当前机器视觉中应用最广泛的一种相机。该相机具有光电转换、电荷存储与转移和信号识别等功能，是一种固态图像处理设备。CCD 相机采用光电变换技术，由电荷包构成，再利用激励脉冲对图像进行传输放大。CCD 相机由光学透镜、时序与同步信号发生器、垂直驱动器组成；由 ADC/DAC 构成，其特点为无灼伤、无滞后、低电压、低能耗。CMOS 相机出现在 20 世纪 70 年代早期，由于 VLSI 技术的发展，CMOS 图像传感技术得以快速发展。CMOS 相机将图像信号处理和控制器整合到一个单片机内，可以实现对像素的任意存取。CMOS 相机具有集成性强、功耗低、传输速度快、动态变化大等优点，已被广泛地用于高速、高分辨率的图像应用领域。

本项目需要获取变电站现场的颜色信息，同时需要在线快速对活动碳排放源进行识别等，因此本项目中选择彩色面阵 CMOS 相机。兼顾相机的功能、图像的分辨率以及相机的成本，本项目选择海康威视公司的 iDS-2DY4C240IX-DW/ 相机，相机的主要参数见表 8-1。

表 8-1　　　　　　　　　　　　相 机 主 要 参 数

属性名称	参数
传感器类型	1/1.8" progressive scan CMOS
最低照度	【全景】彩色：0.0005 Lux@（F1.0，AGC ON），0 Lux with Light； 【细节】彩色：0.005Lux @（F1.2，AGC ON）；黑白：0.001Lux @（F1.2，AGC ON）； 0 Lux with IR
快门	1/1～1/30000s
视场角	【全景】HFOV：89.7，VFOV：47.8，DFOV：106.8 【细节】HFOV：59.0～1.5，VFOV：34.2～0.9，DFOV：67～1.8
光圈	【全景】F1.0；【细节】F1.2
焦距	【全景】4mm；【细节】6.0～240mm
尺寸	350mm×231mm×297mm

2. 通信模块

在硬件架构中，通信模块起着至关重要的作用。它是整个系统的数据流动的核心，负责将各个部分的数据准确、高效地传输到正确的位置。

在边缘计算模块进行数据的预处理后，通过 5G 模块将数据传至服务器，变电站的实时图像和视频数据较大，需要高速的数据传输技术才能确保数据的实时性。5G 通信技术提供的高带宽能够满足这一需求，确保大量数据的快速传输。5G 通信技术的低延迟特性可以确保数据从边缘计算终端传输到数据中心的时间尽可能短，从而提高数据处理的实时性。

这种设计充分利用了边缘计算的优势，通过在数据产生的地方进行初步处理和分析，降低了数据传输的延迟，提高了数据处理的效率，同时也减轻了数据中心的计算压力。在数据中心，通过复杂的算法和模型，进一步精确地还原现场碳排放模型。

3. 边缘计算模块

视频处理单元选择的是 NVIDIA 公司生产的嵌入式开发板 Jetson TX2。该开发板平台可以提供接近服务器能力的 AI 计算能力，能够实现 Tiny YOLOv3 等轻量化神经网络的高效可靠运行，同时该开发板还集成了高清视频编解码模块、千兆以太网传输接口等多种功能扩展，可实现井下摄像头图像的高清输入与输出。图 8-3 所示为 Jeston TX2 开发平台实物和板载主要结构。

图 8-3　JJeston TX2 开发平台实物和
板载主要结构

二、软件架构

基于数字孪生的变电站建造生命周期碳排放评估和碳资产管理平台，通过整合多种硬件设备和软件系统，对整个变电站的碳排放的生命周期进行全面监控和管理。在软件架构方面，设计了一套结合变电站实时运行数据、碳排放规范性和环境等信息的碳排放评估和管理系统。

基于数字孪生的变电站建造生命周期碳排放评估和碳资产管理平台的软件架构是多层次的，包括视觉采集控制层、边缘计算层、业务服务层及应用层，这种多层次的软件架构设计，既保证了系统的高效运行，也提供了丰富的应用服务，满足了变电站碳排放评估和管理的各种需求。平台软件架构如图 8-4 所示。

（1）视觉采集控制层。视觉采集控制层主要负责与硬件设备的交互，包括对视觉模块的控制和对采集到的数据的初步处理。这一层的主要任务是确保数据的准确采集和有效传输。

（2）边缘计算层。边缘计算层对视觉采集控制层传输过来的数据进行进一步的处理和分析，包括数据的清洗、降噪、特征提取等步骤，并对简单碳排放源进行识别标注。

（3）业务服务层。业务服务层是整个系统的数据中心，负责存储和管理所有的数据，以及进行复杂的数据分析和预测。这一层的主要任务是确保数据的安全存储和高效处理。

（4）应用层。应用层是系统的最上层，提供了一系列的应用服务，包括实时建模和高级应用。实时建模包括点云重建、深度分析、模型比对等功能，可以实现对变电站的实时监控和管理。高级应用包括数据挖掘和交互学习等功能，可以提供更深入的数据分析和预测，帮助运营人员作出更准确的决策。

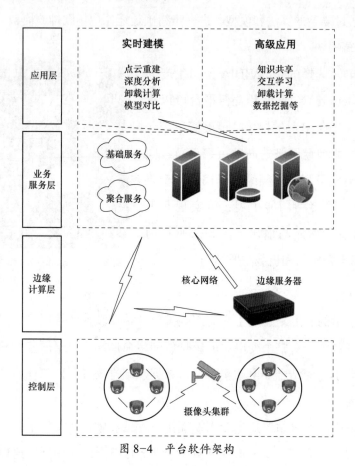

图 8-4　平台软件架构

三、微服务架构

在电力物联网背景下，为了满足形态多样的业务需求，微服务成为组织和构建电力物联网业务的关键技术。微服务技术将单一应用程序分解为一组具有松散耦合和独立部署特点的微小服务，通过服务之间相互协调、相互配合完成业务。

在基于数字孪生的变电站建造生命周期碳排放评估和碳资产管理平台中，我们设计了一套自下而上的4层软件架构，业务服务层可以进一步细分为聚合服务层和基础服务层，因此，微服务可以分为两种类型，分别是基础服务和聚合服务。聚合服务是碳排放评估和管理业务的载体，它对一组基础服务进行聚合，并组织基础服务的时序逻辑结构。

当该组基础服务全部执行完成后，聚合服务随之完成，即业务完成。基础服务是容器提供计算资源的最小单元，考虑到容器运行的稳定性，每个容器中一般仅有一个基础服务。

1. 基础服务逻辑模型

基础服务时序逻辑模型用于表征聚合服务下各基础服务间的时序逻辑关系分为串行关系和并行关系 2 种。由此，本文抽象出孤立型、串联型、并联型和复合型 4 种支路。每种支路的组成规则如下。

（1）所有的单一基础服务可视为 1 个孤立支路。

（2）并联支路由 2 个及以上的孤立支路并联而成。

（3）串联支路只存在于复合支路中，且由 2 个及以上的孤立支路串联而成。

（4）复合支路上至少存在 1 个串联支路，可由串联支路和孤立支路并联而成。

2. 聚合服务时序逻辑模型

聚合服务时序逻辑模型用于表征聚合服务的关联性和周期性。周期性是指聚合服务以一定时间间隔执行关联性是指 2 个及以上聚合服务之间具有先后执行顺序的关系。由此聚合服务可分为非周期非关联型、非周期关联型、周期非关联型及周期关联型 4 种类型。

第三节　变电站生命周期碳排放评估主要算法

一、多目标碳排放源的计算

基于变电站综合倾斜摄影建模模型的碳排放计算方法，需要先通过采用多摄像头联合采集边缘计算进行影像数据采集传输。其次，基于相似度对比原理计算多目标碳排放源建筑建设变化，并且利用动态物体目标识别技术监测非建筑建设因素的变化。然后，通过碳排放因子数据库的接口获取碳排放因子数据，应用连续词袋模型实现碳排数据与现场建设属性的关联。最后，基于目标管理法则构建碳目标模型进行多目标碳排计算，并利用非支配排序遗传算法优化碳排结果和减排方案。根据该方法进行变电站实时建筑模型信息的碳排放量计算还原，为变电站碳排放全生命周期数字孪生平台的建设提供参考。

1. 多目标碳排放源建筑建设变化

从多摄像头联合采集的影像数据得到施工现场模型后，基于变电站倾斜摄影模型与设计模型比对原理，再获取多目标碳排放源的建筑建设数据，包括不同时间点的碳排放数据、摄像头采集的影像数据等，从而计算多目标碳排放源的建筑建设变化，因此首先需要进行设计图纸模型与现场实时模型的几何信息与空间信息的对比。

根据相似度差值的大小，判断建筑目标是否发生了变化。如果相似度差值超过了预先设定的阈值，则判断为建筑目标发生了变化。将建筑目标的变化情况与相应的碳排放数据进行对比，确定建筑建设变化对碳排放的影响，因此采用数据库连接池，在 Java 数据库连接规范中，应用通过驱动接口直接方法获取碳排放数据库的资源与建筑变化数据部分进行连接配对。建筑建设变化检测如图 8-5 所示。

(a)

(b)

图 8-5 建筑建设变化检测

（a）建设前期；（b）建设中期

2. 多目标碳排放量计算

（1）获取碳排放因子数据。为了建立变电站建模项目的能耗，通过碳排放因子数据库的接口获取碳排放因子数据，输入影响碳足迹的数据类型，采用建筑信息模型模拟作为输入，消耗能源的建筑系统类型是在建筑信息模型文件中定义的。建筑建设因素和非建筑因素的碳排放数据库构成见表 8-2。

表 8-2 碳 排 放 数 据 库 构 成

数据库	信息
相对碳排放量数据库	建筑因素中不同尺寸/重量的构件的相对碳排放量数据库
碳强度数据库	总生命周期碳足迹（以 $kgCO_2$ 等式）每个建筑建设单位因素和非建筑单位因素重量（kg）
碳足迹数据库	按可用数据粒度组织的碳足迹数据库，包括 NO、CO_2 等温室气体的部分排放指标，及其碳足迹置信区间的统计分析（如均值、均值标准误差、t 检验、方差分析和回归）

续表

数据库	信息
碳排目标源及其碳排放因子	1. 施工现场机械的型号与数量; 2. 每台施工机械的功率或能耗; 3. 每台施工机械的运行时间; 4. 各类资源能耗的碳排放因子; 5. 服务器计算出的碳排放数据

通过实现 Java 数据库连接的部分资源对象接口（连接层、声明层、结果集），解决建筑建设模型变化数据及其对应碳排放因子和碳排放数据的传输，在快照连接池内部分别产生池化连接层、池化声明层及池化结果集 3 种逻辑资源对象，不仅利于后续建筑模型构件碳排放因子和碳排放变化量的计算，也利于建筑建设变化对碳排放的影响值进行多目标碳排放源的优化，找出对碳排放影响最大的建筑目标，以实现碳排放的最优化。碳排放因子数据如图 8-6 所示。

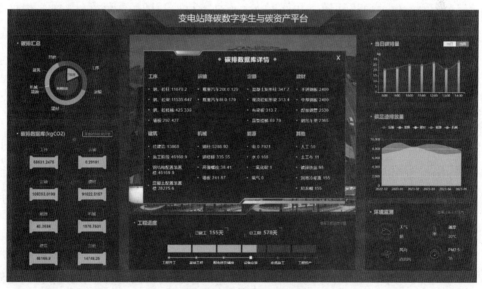

图 8-6 碳排放因子数据

（2）碳排数据与现场建设属的关联。进一步地，访问碳排生命周期数据库获取碳排相关数据的同时，需要对变电站设计模型和现场倾斜摄影模型的属性进行同步更新，因此根据工业基础类（IFC）标准，应用连续词袋模型实现对直接属性、导出属性和反属性进行属性实体与被描述实体通过关系对象进行关联：

对现场实时模型构造构建集和属性集的关联信息树状图，以建筑构件为例的属性树状图，其根节点为构件，根节点对应多个属性类子节点，包括限制条件、机械、机械－流量、尺寸标注、标识数据、阶段化、绝缘层等属性类，每个属性类包含多个属性节点，每个属性节点对应唯一的属性值。

连续词袋模型在训练时，输入的数据为某个特征词的上下文词语对应的词向量，它输出的结果则是这个特定词对应的词向量。用 W_t 表示词典中的当前词，并设置上下文单侧词数量为 k，该模型把与 W_t 上下相连最近的各 k 个词作为输入，而通过 W_t 的上下文来预测 W_t 出现的概率 $P=(W_t|W_{t-k},W_{t-k+1},\cdots,W_{t+k-1},W_{t+k})$，$t-k\leqslant i\leqslant t+k(i\neq t)$，当概率 $P>\mu_1$（μ_1 为匹配度指标参数），则认为倾斜摄影模型 M_a 某构件属性与现场模型 M_b 对应构件属性达到匹配认可，从而获取 M_a 与 M_b 中相匹配两个构件的属性集 A 和 B，单个构件属性相似度为 $S=(A\cap B+L_1+L_2)/(A\cup B)$，$L_1$ 和 L_2 分别表示相似度大于 99% 的属性数量和相似度处于 [0.5，0.99] 之间的属性数量，当 $S>\mu_2$（μ_2 为相似度度指标参数），则认为倾斜摄影模型 M_a 与现场模型 M_b 几何相似度 G_s 与位置相似度 P_s 达成匹配判断标准后，M_b 的属性信息与 M_a 对应属性信息匹配成功。

由此完成了对现场模型和属性名称的匹配，不仅为之后碳排放计算过程中检索现场模型 M_b 变化对应属性提供便捷，并且为接下来的多目标碳排放计算作好数据与属性信息计算的准备。

（3）构建碳目标模型与多目标碳排计算。一种基于目标管理法则的碳目标模型用于多目标碳排放计算，其中不仅根据前面的模型变化数据和碳排放数据库进行碳排量计算仿真，还需要根据驱动力模型对多目标源碳排放强度进行线性回归，为后续碳排优化做准备。

（4）优化碳排结果和减排方案。为了能筛选出对碳排放生命周期影响度高的因素，在这里利用非支配排序遗传算法对已知碳排目标源的碳排放强度进行等级排序，从而为减排方案提供针对性的参考碳排目标优化参考。其中对多碳排目标进行非支配排序遗传算法的筛选过程如下。

1）初始化目标源集合。随机生成的 m 个数目标源集合都与 [0，$t-1$] 时间内生成的所有目标源进行比较，如果它们不一样，则将它们添加到初始集合中，如果它们相同则丢弃此随机目标源集合。

2）分层分离和拥挤计算。碳排目标源按非优势层次进行排名，等级越高，碳排强度越低，其拥挤距离 $\delta_d(m)$ 越大，单目标源适应度越大，意味着该目标源对减排要求下的施工环境越容易接受。

3）碳排目标源选拔。经过了排序和拥挤度的计算后，使用交叉突变法求解对随机目标源集合中优解碳排目标进行选拔，并放在优势排名集合 P_{t+1} 中，在建设过程适应度较高的个体碳排目标源组成新群体，以便于参考适应度低的碳排目标源集合来制定减排方案。

至此，从变电站设计图纸模型和现场施工模型的对比、碳排信息关联和计算仿真，到碳排多目标源的检测及其碳强度优化过程，从而为变电站的施工过程碳排放量的减排方案提供参考。

二、多目视觉算法

多目测量是一种基于两个相机模拟人类双眼视觉原理进行距离测量的方法。通过比较任意两个相机拍摄的同一场景的图像之间的视差，可以计算出物体与相机之间的距离。

1. 图像获取

多目视觉方法中的图像获取是采用任意两台相同的相机同时获取同一个场景中的目标物体图像，对于相机的安装位置并没有什么要求。为了使获取的结果容易计算，一般情况下使左右相机能够平行放置，并且要保证基线不能太长，这样有利于降低图像配准时间以及运算量。随后，对获取的图像需要进行预处理，有利于后面的立体匹配运算。图像预处理是一个非常重要的步骤，它可以有效地提高图像匹配的精度和稳定性。以下是双目视觉中常用的图像预处理方法。

（1）图像去噪。由于双目摄像头采集的图像可能会受到环境光线和电磁干扰等因素的影响，因此需要对图像进行去噪处理，以提高匹配精度。常用的去噪方法包括中值滤波、高斯滤波等。

（2）直方图均衡化。直方图均衡化可以增强图像的对比度，使得图像中的细节更加明显，从而提高匹配精度。在双目视觉中，直方图均衡化通常应用于灰度图像或者深度图像。

（3）图像配准。由于双目摄像头的位置和角度可能存在微小的差异，因此需要对左右两幅图像进行配准，使得它们的像素点一一对应。常用的图像配准方法包括图像平移、旋转、缩放、仿射变换等。

（4）边缘检测。边缘检测可以提取图像中的边缘信息，从而减少噪声干扰和误匹配。常用的边缘检测算法包括 *Canny* 算法、*Sobel* 算法、*Prewitt* 算法等。

（5）彩色图像转灰度图像。在双目视觉中，通常使用灰度图像进行匹配，因此需要将彩色图像转换为灰度图像。常用的方法包括平均值法、最大值法、加权平均法等。

2. 摄像机标定

多目视觉方法中的摄像机标定主要是为了获取摄像机的畸变向量以及相机的内外参数等信息。对于获取的畸变向量，需要消除它的径向和切线方向上的镜头畸变，以获得无畸变图像，同时建立摄像机的成像模型，进而可以确定目标点与像素点之间的对应关系，为后面计算本征矩阵做准备。

摄像机标定的过程需要利用一些特定的标定物，比如棋盘格、球等，在场景中移动这些标定物，同时记录下两个摄像机观测到的图像以及标定物在三维空间中的位置，最终通过标定算法计算出两个摄像机的内部参数（如焦距、主点坐标等）和外部参数（如旋转矩阵、平移向量等），并得到两个摄像机之间的基础矩阵和投影矩阵。

（1）标定物的选择。标定物应该具有明显的几何特征，且在不同位置时这些特征应该能够被准确地识别和匹配。

（2）拍摄角度的多样性。标定物应该在摄像机的不同位置和角度下进行拍摄，以便于获取更多的标定数据。

（3）数据的准确性。标定物的三维位置需要准确地测量，同时在进行图像匹配时需要注意去除一些干扰因素，如图像畸变、光照变化等。

（4）标定算法的选择。不同的标定算法对数据的要求和处理方式不同，需要根据具体应用场景来选择合适的算法。

3. 图像矫正

在多目视觉中，由于摄像机的位置和角度不同，两个摄像机拍摄到的图像可能存在畸变、视差等问题，这会影响后续的图像匹配和三维重建结果。因此，在进行双目视觉处理之前，需要对图像进行校正，以消除这些影响，提高重建的精度和效果。

图像校正的过程一般包括以下几个部分。

（1）图像畸变校正。由于摄像机透镜的畸变，图像中的直线可能会出现弯曲，需要进行畸变校正。可以通过将图像中的点映射到透镜前的理想平面上来实现畸变校正。

（2）图像极线校正。由于两个摄像机的位置和角度不同，它们拍摄到的图像可能存在视差，需要进行极线校正。可以通过将图像中的点映射到对应的极线上来实现极线校正。

（3）图像对齐。最后，将经过畸变校正和极线校正的两张图像进行对齐，使得它们的像素在对应的空间点上重合，从而便于后续的图像匹配和三维重建。

4. 立体匹配

双目视觉方法中的立体匹配是采用立体匹配算法得到校准后的图像与原图像的视差值，然后利用这个视差值得到每两幅图像之间的稀疏匹配，再通过优化算法，获得稠密匹配。立体匹配是三维重建中最关键的一步，匹配问题的好坏决定着三维重建的效果和精度。

作为双目视觉的核心技术，立体匹配一直是计算机视觉研究领域的热点和难点问题。到目前为止，学术界已经涌现了很多立体匹配研究的优秀成果。2002 年 Scharstein 等人在对当时提出的许多立体匹配算法进行归纳总结后，将局部立体匹配算法的视差估计过程分解为代价计算、代价聚合、视差计算、视差求精 4 个步骤。他们还提出了算法性能量性评测指标以及发布了立体匹配测试数据集，使得各种立体匹配算法能够在同样的测试数据集上进行统一的量性比较分析，为此 Scharstein 等人还建立了算法测评结果的发布平台 Middlebury 网站。Middlebury 网站一直被维护至今，其中的立体匹配数据集以及算法的性能评测指标几经更新，如今该网站已经成为了权威的立体匹配算法的发布平台，从中可以看到算法的测评排名以及各个算法在每个评测指标下评测结果，这无论对于了解立体匹配算法的最新研究动态还是优秀立体匹配算法的推广应用都意义重大。

立体匹配算法可分为局部立体匹配算法与全局立体匹配算法。

局部立体匹配算法一般都是基于局部支撑窗口进行代价聚合。对于固定大小的窗口聚合而言，因为其是基于窗口内的像素点的视差都相似的假设，因此如果窗口内包含视差不连续的图像边缘时，会引起视差估计的较大误差。为了在视差不连续的图像边缘附近也能获得高精度的视差估计结果，目前的解决方案主要有两种：① 自适应窗口代价聚合，比如 Zhang 等人提出的十字交叉自适应窗口代价聚合；② 基于自适应支持权重的固定窗口代价聚合，自适应调整固定窗口内像素的支持权重，比如 Rhemann 等人提出的引导滤波代价聚合。

全局立体匹配算法是以能量函数的形式在整幅图像范围内进行视差优化，典型的全局立体匹配算法有图割算法、动态规划算法、置信度传播算法、模拟退火算法。全局立体匹配算法因为是在全局范围内进行视差的优化，图像信息对每个像素点的视差估计结果的约束都较强，因此一般能够获得精度较高的视差估计精度，但是时间复杂度较高，不适合应用在要求实时处理的场景。

为了兼顾局部立体匹配算法的处理速度快和全局立体匹配算法的视差估计精度高的特点，Hirschmuller 等人在 2008 年提出了半全局立体匹配算法 SGM。Yang 提出的基于最小生成树（Minimum Spanning Tree，MST）进行代价聚合的 NLCA 算法也属于一种半全局立体匹配算法。Mei 等人于 2013 年提出了基于分割树（Segment Tree，ST）进行代价聚合的非局部立体匹配算法。ST 的结构与 MST 以及其相关变体完全不同，是一种全新的树的结构。ST 通过 3 个步骤构造完成：首先，对图像中的所有像素以颜色或者灰度相似为准则进行分组；然后，分别为每组像素创建一个树图；最后，将所有独立的树图都连接起来形成一个分段树 ST。ST 的构造的效率很高，与图像的像素个数近乎呈线性关系。基于 ST 进行代价聚合的立体匹配算法的视差估计精度很高，在当时取得了最好的效果。

近年来，随着深度学习技术的突破，让人们看到了卷积神经网络强大的特征表达和学习能力。

考虑如何把卷积神经网络引入到立体匹配中成为了近年来立体匹配算法研究中一个热门研究方向。总的来说，深度学习下的立体匹配研究可以分为基于卷积神经网络的匹配代价计算研究和基于卷积神经网络的端到端立体匹配研究两大类。Zbontar 和 LeCuJ12 把卷积神经网络引入到匹配代价计算研究中，设计了两个用于匹配代价计算的监督学习网络，即快速网络 MC-CNN-fast 与精确网络 MC-CNN-acrt。精确网络 MC-CNN-acrt 的精度比快速网络 MC-CNN-fas 高，但时间复杂度也更高。这两个网络对图像信息的利用率比所有传统的代价计算函数都要高，选用快速网络 MC-CNN-fast 或者精确网络 MC-CNN-acrt 进行匹配代价计算的 MC-CNN 算法在当时获得了最高的视差估计精度。Luo 等人在对 MC-CNN-acrt 网络以及 MC-CNN-fast 网络深入研究之后，也提出了一个能够用于匹配代价计算的卷积神经网络模型。该模型取消了 MC-CNN-acrt 网络中的对 Siamese 网络的输出进行拼接以及随后用几个全连接层继续处理的步骤（该步骤需要耗费几分钟的 GPU 处理时间），直接对 Siamese 网络的输出进行内乘处理，使得网络结构与 MC-CNN-fast 网络相似。但是与 MC-CNN-fast 网络在进行匹配代价计算时需要取消点乘处理步骤不同，Luo 等人设计的网络是以多分类问题形式进行训练，因此在进行匹配代价计算时，当把左、右视图输入到网络模型中，然后再对 Siamese 网络的输出结果进行内乘处理后就能够直接输出所有像素点在各个可能视差下的匹配代价计算值，这极大地提高了算法的处理效率。匹配代价计算时整个网络的 GPU 处理时间不到 1s，却取得了当时最好的处理效果。

考虑如何设计出一个端到端的网络，即左、右视差图作为网络的输入，然后经过网络的处理后直接输出精细化的视差，也是立体匹配研究的一个热门方向。Liang 等人设计了一个能够整合立体匹配算法所有步骤的端到端卷积神经网络模型。该网络模型主要由 3 个部分组成：第一部分，通过卷积神经网络提取多尺度下的共享特征；第二部分，利用共享特征，通过神经网络执行代价计算、代价聚合以及视差计算，从而得到了初始视差估计；第三部分，利用初始视差以及共享特征来计算特征的一致性以便度量匹配结果的正确性，最后将初始视差以及特征一致性的计算结果输入到子网络中，完成对视差的细化。

5. 三维重建

双目视觉方法中的三维重建是采用三角测量原理计算获取的立体匹配图像的深度值，从而可以得到稠密的三维空间点云，随后，再对获取的三维空间点云进行网格化和差值计算，进而可以得到物体的三维结构模型。

通过帽上搭载的双目摄像头实现高空作业人员在无法携带测量工具或不便测量的情况下对作业现场设备或环境进行测量，有效提升作业精度，降低作业难度。基于双目视觉的三维重建获取深度信息流程如图 8-7 所示。

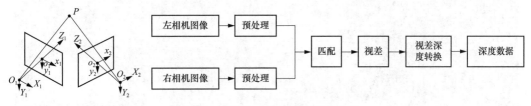

图 8-7　三维重建获取深度信息流程

三维重建获取建立深度信息点云如图 8-8 所示。

图 8-8　三维重建获取建立深度信息点云

第四节　应用说明

基于数字孪生的变电站建造生命周期碳排放评估和碳资产管理平台是一个全面、实时的碳排放监控和管理系统。它通过整合各种硬件设备和软件系统，对整个变电站的碳排放的生命周期进行全面的监控和管理。变电站降碳数字孪生与碳资产平台界面如图 8-9 所示。

（1）碳排汇总。这个模块负责对所有的碳排放数据进行汇总。它会从各个数据源收集碳排放数据，包括设备运行的碳排放、建设过程的碳排放等，并进行汇总，以便于对整个变电站的碳排放进行全面的评估。

（2）碳排数据库。这个模块是整个系统的数据中心，负责存储和管理所有的碳排放数据。它包括实时采集的碳排放数据，历史的碳排放数据，以及通过数据分析和预测得到的碳排放信息。

（3）当日碳排量。这个模块负责统计每日的碳排放量。通过对每日的碳排放量进行

图 8-9 变电站降碳数字孪生与碳资产平台界面

统计，可以更好地了解变电站的碳排放情况，及时发现可能的问题，并进行调整。

（4）碳足迹排放量。综合考虑从建设阶段到运行阶段的所有碳排放来源，包括电力设备、供应链、能源消耗等，从而准确衡量变电站对环境的碳足迹贡献。通过该模块的数据分析和展示，决策者可以更全面地了解变电站的碳排放情况，并制定可持续发展的碳减排策略。

（5）工程进度。这个模块负责监控和管理变电站的建设进度。它会收集所有相关的工程进度信息，包括各个阶段的完成情况、未来的工程计划等，并进行统计和分析，以便于对整个工程的进度进行有效的管理。

（6）环境监测。这个模块负责对变电站的运行环境进行监测。它会收集所有相关的环境信息，包括环境温度、湿度、风速等，并进行分析，以便于了解环境因素对变电站运行的影响，从而进行有效的环境管理。

一、实时孪生工程

实时孪生工程是基于数字孪生技术的一种应用，它在基于数字孪生的变电站建造生命周期碳排放评估和碳资产管理平台中起着关键的作用。

在实时孪生工程模块中，多目摄像头被用于对施工现场进行实时扫描，收集现场的图像和视频数据。这些数据被用于生成现场的三维模型，这个模型是施工现场的数字化表示，可以实时反映现场的状态和变化。实时孪生工程如图 8-10 所示。

同时，设计数据也被用于生成变电站的设计模型，这个模型是变电站设计的数字化

图 8-10　实时孪生工程

表示，包含了变电站的设计信息和规划信息。

通过将现场模型和设计模型进行比对，可以实时地了解施工进度，发现施工中的问题，并进行调整。这种比对不仅可以在空间上进行，也可以在时间上进行，从而实现施工进度的实时监控。

此外，实时孪生工程模块还可以与其他模块进行交互，例如，它可以将施工进度的信息提供给工程进度模块，用于进度的统计和分析；也可以将现场的碳排放信息提供给碳排放汇总模块，用于碳排放的评估和管理。

总的来说，实时孪生工程模块通过实时扫描和比对，实现了对施工现场的实时监控和管理，为变电站的建造提供了强大的支持。

二、碳排放汇总

该模块负责对所有的碳排放数据进行汇总，如图 8-11 所示。它会从各个数据源收集碳排放数据，包括设备运行的碳排放、建设过程的碳排放等，并进行汇总，以便于对整个变电站的碳排放进行全面的评估。

图 8-11　碳排放汇总

三、碳排放数据库

碳排放数据库模块在基于数字孪生的变电站建造生命周期碳排放评估和碳资产管理平台中，扮演着关键的角色。它主要负责收集、存储和管理所有与碳排放相关的数据。

该模块会对设计数据进行核算。设计数据包括了变电站的各种设计参数，如设备类型、设备数量、设备功率等。通过对这些数据进行核算，可以预测在正常运行条件下，变电站的碳排放量。该模块会进行实时的监测。通过与实时孪生工程模块和环境监测模块的交互，碳排放数据库模块可以获取到实时的碳排放数据，如设备的实际运行状态、环境的实时状况等。

对收集到的数据进行分析，计算碳排放系数。碳排放系数是一个重要的参数，它反映了单位能源消耗下产生的碳排放量。通过对碳排放系数的计算，可以更准确地了解变电站的碳排放状况。根据碳排放系数和实时监测的数据，核定碳排放量。这个核定的碳排放量是对变电站实际碳排放的准确表示，可以用于碳排放的评估和管理。碳排数据库如图8-12所示。

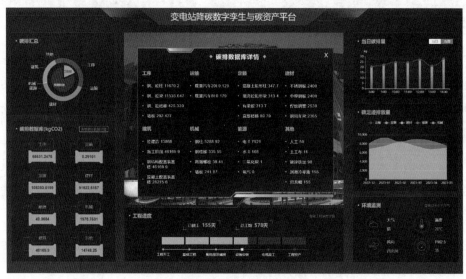

图8-12 碳排数据库

碳排放数据库模块通过对设计数据的核算，实时的监测，以及碳排放系数的分析，实现了对变电站碳排放的准确核定，为碳排放的评估和管理提供了重要的数据支持。

四、日碳排放量

日碳排放量模块在基于数字孪生的变电站建造生命周期碳排放评估和碳资产管理平台中，是一个重要的组成部分。它主要负责计算和统计每一天的碳排放量。

该模块会根据实时孪生工程模型计算建设碳排放。实时孪生工程模型提供了变电站的实时建设状态，通过模型比对结合碳排放系数，可以计算出建设过程中的碳排放量。

利用机器视觉技术对活动碳排放源进行跟踪计算。活动碳排放源包括了所有可能产生碳排放的活动和设备，如运输、施工活动等。通过对这些碳排放源的跟踪和计算，可以得到实时的碳排放数据。

将建设碳排放和活动碳排放源的碳排放进行合计，得到日碳排放量。这个日碳排放量是对一天内所有碳排放的总和，可以用于碳排放的评估和管理，如图 8-13 所示。

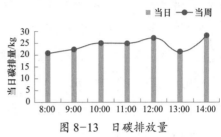

图 8-13　日碳排放量

五、工程进度

工程进度模块在基于数字孪生的变电站建造生命周期碳排放评估和碳资产管理平台中，扮演着至关重要的角色。它主要负责监控和管理变电站的建设进度，以便对整个变电站的碳排放周期进行有效的掌握和管理。

该模块会收集每日的施工报告。施工报告包含了当日的施工活动、完成的工作量、使用的设备等信息，是了解施工进度的重要数据源。通过将实时孪生工程模型与设计模型进行比对，可以了解施工的实际进度，发现可能的问题，并进行调整。结合施工计划进行进度汇总。施工计划包含了整个工程的施工顺序、时间安排等信息，是管理施工进度的重要依据。工程进度如图 8-14 所示。

图 8-14　工程进度

参 考 文 献

［1］陆炜，刘保安，王奕玮. 城市 110 千伏变电站环境影响因素分析［J］. 城市建设理论研究（电子版），2013（3）.

［2］李勇，刘欢. 变电站选址及前期工作概述［J］. 城镇建设，2022（3）：138-140.

［3］王敬敏，郭小帆，安东. 低碳背景下变电站选址评价体系构建研究［J］. 陕西电力，2015，43（1）：60-65.

［4］陈晓明. 变电站光伏并网发电系统设计与实现［J］. 城市建设理论研究（电子版），2015（20）：2212-2213.

［5］王卓. 基于全生命周期的 110kV 变电站降碳方案研究［J］. 电工电气，2022（1）：66-69.

［6］曾文慧. 绿色低碳变电站设计关键［J］. 中国电力企业管理，2022（30）：25-27.

［7］李叶茂，李雨桐，郝斌，罗春燕. 低碳发展背景下的建筑"光储直柔"配用电系统关键技术分析［J］. 供用电，2021，38（1）：32-38.

［8］邵高峰，赵霄龙，高延继，等. 建筑物中建材碳排放计算方法的研究［J］. 新型建筑材料，2012，2：75-77.

［9］卜一德. 绿色建筑技术指南［M］. 北京：中国建筑工业出版社，2008.

［10］段绪斌. 施工用电节能控制点［J］. 电气时代，2006（12）：72-74.

［11］郭远臣，王雪. 建筑垃圾资源化与再生混凝土［M］. 南京：东南大学出版社，2015.

［12］赵由才，牛冬杰，柴晓利，等. 固体废物处理与资源化［M］. 北京：化学工业出版社，2006.

［13］胡亚山，庄典，朱可，等. 混凝土结构与钢结构变电站建筑全生命周期碳排放对比研究［J］. 建筑科学，2022，38（12）：275-282. DOI:10.13614/j.cnki.11-1962/tu.2022.12.33.

［14］Zhuang D, Zhang X, Lu Y, et al. A performance data integrated BIM framework for building life-cycle energy efficiency and environmental optimization design[J]. Automation in Construction, 2021, 127: 103712.

［15］马最良，姚扬，姜益强. 暖通空调热泵技术（第二版）［M］. 北京：中国建筑工业出版社，2019.

［16］ 王蕊，任庆昌. 建立冷水机组能耗模型几种方法的比较与分析［J］. 现代建筑电气，2017，8（1）：9-13.

［17］ 杨震，张前. 变电站设计中主要电气设备的选型计算［J］. 科技创新与应用，2014，No.111（35）：147.

［18］ 唐忠达. 110kV 变电站生命周期碳排放分析［J］. 电工电气，2021（8）：35-38.

［19］ 何宇辰，胡晨，张慧杰，等. 基于蒙特卡洛模拟变电站的全寿命周期碳排放评价［C］// 中冶建筑研究总院有限公司. 2022 年工业建筑学术交流会论文集（下册），2022：117-123+70.DOI:10.26914/c.cnkihy.2022.043176.

［20］ 王益民，王静平，仇丽. 基于数字孪生技术的变电站碳排放监测平台应用［J］. 工业建筑，2021，51（12）：207.

［21］ 田猛，杨虎，施俊华，等. 论天然酯主变压器在变电站碳减排的应用前景［J］. 环境工程，2022，40（3）：329.

［22］ 崔建胜，周哲远，丁洋. 论混合气体绝缘型 GIS 在变电站碳减排的应用前景［J］. 工业建筑，2021，51（12）：202.

［23］ 江亿. 光储直柔——助力实现零碳电力的新型建筑配电系统［J］. 暖通空调，2021，51（10）：1-12.

［24］ A. Bidram and A. Davoudi. Hierarchical structure of microgrids control system[J]. IEEE Transactions on Smart Grid, 2012, 3(4): 1963–1976.

［25］ Iovine A, Rigaut T, Damm G, et al. Power management for a DC MicroGrid integrating renewables and storages[J]. Control Engineering Practice, 2019, 85: 59-79.

［26］ 沈明浩. 数字化变电站解读［J］. 科技传播，2011（20）：62-64.

［27］ 杨莹. 智能变电站功能架构及设计原则［J］. 科技与创新，2017，78(6):123+125.DOI:10.15913/j.cnki.kjycx.2017.06.123.